ARE WAERLAND · LEBENSANSCHAUUNG UND PERSÖNLICHKEIT

HUMATA VERLAG

ARE WAERLAND

Lebensanschauung und Persönlichkeit

Bekentnisse eines Biologen

Die geistigen Grundlagen
des Waerlandsystems

4. Auflage

HUMATA VERLAG HAROLD S. BLUME

Auslieferung an den Buchhandel
durch die Humata-Generaldepositäre

Deutschland

Humata-Auslieferung Fachdienst GmbH, 7530 Pforzheim 12
und
Humata-Auslieferung Schwabe, 6380 Bad Homburg, Fach 1247

Österreich

Humata-Auslieferung, Bergstr. 16, 5020 Salzburg

Benelux

Humata-Auslieferung Litarus SA, Luxembourg-Hollerich

Schweiz und alle andern Länder

Humata-Auslieferung: CH-3000 Bern 6, Fach 74

*Verlangen Sie den Humata-Verlagskatalog
bei den Humata-Generaldepositären*

*

LEBENSANSCHAUUNG UND PERSÖNLICHKEIT
4. Auflage

ISBN 3-7197-0331-2
Interner Verlagscode 8-331-42-4

INHALT

Are Waerland

DIE MACHT DER GEDANKEN

- Jeder *Gedanke* birgt in sich den Samen zur *Handlung*
- Die *Handlungen* bestimmen unsere *Gewohnheiten*
- Die *Gewohnheiten* formen unseren *Charakter*
- Der *Charakter* bestimmt unser *Schicksal*

Schon der grosse griechische Philosoph Platon erkannte in der Idee, im schöpferischen Gedanken, die Mutter, den Ursprung aller Erfindungen, all dessen, was lebt und ist. Gedanken sind der erste, der geheime Grund zu allem andern, das erste Glied in jeder Kette von Wort und Tat. In den Gedanken haben wir den Schlüssel zum Leben selbst. Sie sind unser vornehmstes Werkzeug, unsere Waffen, unser Schutz – oder unser grösster Feind. Verderber und Zerstörer. Beherrschen wir sie nicht, so treiben sie mit uns ihr Spiel wie der Sturm mit dem Rohr. Sind wir ihrer Herr, so kann uns nichts besiegen, nichts verletzen oder vernichten. Durch die Gedanken gestalten, schaffen und beherrschen wir unser Leben.
In grosser Klarheit und eindringlicher Knappheit behandelt der Philosoph und Biologe Are Waerland in diesem Bändchen das Thema von der Macht der Gedanken im Leben des Menschen.

Die geistige Grundlage des Waerlandsystems

Eine Einführung von Ebba Waerland

Um die geistige Grundlage unseres Systems darstellen zu können, muß ich zunächst kurz die geistige Entwicklung seines Gründers, Are Waerland, skizzieren; denn für ihn und sein Schaffen gilt in besonderem Maße, daß der Mann und sein Werk eins sind. Das Waerlandsystem ist aus den gesammelten Lebenserfahrungen Are Waerlands geboren und ist von seinem Geist belebt und getragen.

Are Waerland wurde am 13. April 1876 in Ekenäs in Finnland geboren als Sohn eines Schiffsreeders. Sein Vater war aber ein geborener Philosoph und hat diese seine Veranlagung seinem Sohn vererbt. Die Mutter Are Waerlands war eine tief religiöse Persönlichkeit.

Wenn nicht der Lebensweg von Are Waerland schicksalhaft vorausbestimmt gewesen wäre, hätte er den Beruf des Philosophen gewählt. Fern vom Trubel der Welt hätte er ein stilles, besinnliches Leben geführt. So aber mußte er von einem inneren Pflichtgefühl getrieben, dem Ruf seines Schicksals folgen und mußte sein ganzes Leben ernährungsphysiologischen und biologischen Studien und Experimenten widmen, um Schritt für Schritt sein Ernährungs- und Lebensführungssystem aufzubauen.

Fast vierzig Jahre widmete er dieser Aufgabe, bis er mit sechzig Jahren sein System vollendet hatte und es den Menschen geben konnte. Im stillen hatte er jetzt gehofft, daß es nur noch weniger Jahre bedürfe, um es zu verbreiten und zu festigen, und daß er sich dann von der Öffentlichkeit zurückziehen könnte, um sich in seine Lieblingsstudien zu vertiefen.

Aber das Schicksal wollte es auch diesmal anders, und erst mit sechundsiebzig Jahren wurde es ihm vergönnt, seinen Lebenstraum zu verwirklichen und sich in eine naturschöne Gegend am Mittelmeer zurückzuziehen, um sich dem zu widmen, was er eigentlich als seine wichtigste Lebensaufgabe ansah, nämlich seine geistigen und weltanschaulichen Erkenntnisse schriftlich niederzulegen. Er schreibt selbst darüber in seinem letzten Brief an den Redakteur des schwedischen Waerland-Magazins:

„Es gilt jetzt eine Elite von Menschen aufzubauen, die sich in einer biologischen, richtig zurechtgelegten und durchgeführten Lebensführung so entwickeln, daß sie zu lebenden Vorbildern vom Menschen in seiner physischen und psychischen Vollkommenheit werden können. Und diese Vervollkommnung ist ja das große Ziel aller Entwicklung. Dahin werden wir jedoch niemals kommen, ohne gleichzeitig die geistigen Faktoren zu berücksichtigen. Es sind gerade diese, die jetzt mein ganzes Interesse in Anspruch nehmen. Ich habe mich gar nicht hierher (nach Alassio) zurückgezogen, um hier zu sitzen und nichts zu tun, im Gegenteil — jetzt wird gerade die Arbeit beginnen, nach der ich mich in allen diesen Jahren gesehnt habe, die ich aber wegen meiner Studien in Ernährungs- und Lebensführungsfragen zurückstellen mußte.“

Gleichzeitig mit den physischen Problemen hatte sich Are Waerland jedoch immer auch den geistigen gewidmt. Davon zeugt eine ganze Reihe von Artikeln, Schriften und Büchern in schwedischer Sprache, so auch eine deutsche Artikelserie, „Meine Lebensanschauung“, veröffentlicht im Jahre 1953 in den Waerland-Monatsheften. Diese Artikel sollten — so beabsichtigte er — den Anfang bilden zu einer ausschließlich geistigen Aera in seiner schriftstellerischen Tätigkeit.

Aber wieder wurde etwas anderes von ihm verlangt. Nach sieben Artikeln — auf nicht weniger als 36 hatte er das ihm vorliegende Material veranschlagt — mußte er jäh seine geistige Serie unterbrechen, um sein letztes großes Standardwerk »Der Weg zu einer neuen Menschheit« *zu schreiben, nach dessen Vollendung er ganz plötzlich aus diesem Leben abberufen wurde.*

Wie oft hatte er in seinen letzten Jahren die Sehnsucht ausgedrückt, die höheren geistigen Sphären kennenlernen zu dürfen! Doch wollte er die Erde nicht verlassen, ehe er den Menschen nicht die Ergebnisse seines tiefen Denkens übermittelt hatte.

Während der elf Jahre, in denen ich seine engste Mitarbeiterin und Lebensgefährtin war, durfte ich seine innere Welt mit ihm teilen, und zusammen haben wir uns in die letzten Probleme und Fragen des Lebens vertieft. So ist es meine Pflicht, sein geistiges Werk weiterzugeben.

Die Kenner und Anhänger des Waerland-Lebensführungssystems sind sich bewußt, daß dessen Grundlage die Biologie *ist. Die biologischen Erkenntnisse bildeten den Ausgangspunkt und die wissenschaftliche Fundierung des Systems, das dann durch die Erfahrungen von Jahrzehnten erhärtet und bestätigt wurde. Weniger bekannt im deutschen Sprachgebiet ist jedoch, welchen Wert Are Waerland auch immer den geistigen und religiösen Fragen beimaß, und um diese Seite seines Lebens erkennen zu lassen, habe ich in diesem Vorwort einige bezeichnende Stellen aus seinem Schrifttum zusammengezogen.*

Wer seine ernährungsphysiologischen Schriften und Bücher aufmerksam liest, wird bald den geistigen Faden entdecken, der durch sein ganzes Denken läuft und immer neuen Ausdruck findet. Lassen Sie mich dazu einige Zitate von ihm geben:

In »Nie mehr Rheuma«, *S. 58, schreibt er: „Bei den Waerlandideen handelt es sich nicht nur um Kost, Muskeln, Spannkraft und Freiluftleben, wie viele anfangs glaubten, und wie viele andere, die noch keine Waerlandschrift gelesen haben, es annahmen, sondern um eine neue Lebensanschauung ... Es handelt sich um eine, das ganze Dasein umfassende, auch geistige Lebensanschauung von einer derartigen Objektivität und allgemeinen Gültigkeit, daß jeder, welchem religiösen Glauben er auch angehören mag ... sie in sich aufnehmen und sich in ihr zurechtfinden kann."*

*Aus dem »*WEG ZU EINER NEUEN MENSCHHEIT*«, S. 419: »Diese Lebensführung steht bald in Blüte. Ihre Blütezeit wird durch die Vergeistigung des ganzen Menschen und durch die Beseelung des gesamten Daseins gekennzeichnet. Man beginnt, sich immer mehr für geistige Dinge zu interessieren und sucht nach Literatur und Leitung auf diesem Gebiet. Hier haben wir eine große Aufgabe vor uns, die bewältigt werden muß."*

*In »*NIE MEHR RHEUMA*«betont er besonders den Zusammenhang der geistigen Wirklichkeit mit dem Menschenleben. Er schreibt dort: „Es ist diese geistige Wirklichkeit, die das zeitlos Bleibende schafft, dessen Ausdruck die entwicklungsgeschichtlichen, biologischen und physiologischen Grundlagen sind, die unser Leben steuern, wenn wir es damit in Einklang stellen."*

Are Waerland sagt dort auch, daß diese Weltanschauung jeden von uns umbildet, soweit wir uns von ihr beseelen lassen und daß sich gerade deswegen die Menschen zu ihr hingezogen fühlen. Wenn er auf Vortragsreisen in den überfüllten Sälen mit der Zuhörerschaft in Berührung komme, werde ihm dies immer wieder bestätigt. Er schreibt:

„Es war für mich persönlich ein Erlebnis ohnegleichen, die unvorstellbare Freude und Begeisterung zu sehen, die mir aus den Menschenseelen entgegenströmte. Sie kam aus Seelen, die zu einem neuen Bewußtsein der großen Kraft der Gesundheit erwacht sind und sich wie neugeboren fühlen zu einem Leben in Harmonie mit der Natur, dem Weltall und den geistigen Wirklichkeiten, aus denen alles hervorgeht und von denen alles getragen wird ... Dank dieser Lebensfüh-

rung und der damit verknüpften Weltanschauung ist ihnen der tiefe Sinn und die große Aufgabe ihres Lebens offenbar geworden, während es früher sinn- und ziellos erschien."

Immer wieder taucht in seinen vielen Büchern und Schriften der Gedanke auf, den er als tiefe Überzeugung in sich trug:

*„Die Menschenseele ist unzerstörbar, und sie ist immer auf dem Wege von den Tiefen zu den Höhen. Unser Leben hier auf Erden ist nicht mehr als ein sekundenkurzer Abschnitt eines unendlichen, alle unsere Lebenswege und Seinsebenen umfassenden Lebens." (Aus dem »*WEG ZU EINER NEUEN MENSCHHEIT*«.)*

Diese Zitate zeugen von der geistigen Lebenseinstellung Are Waerlands.Selbst hat er immer betont, daß kein Ernährungs- oder Lebensführungssystem ohne eine tragende geistige Grundlage existieren kann. Gerade diese seine geistige Lebenseinstellung hat die Menschen am tiefsten berührt und zu unserer Bewegung gezogen. Die Tage während der alljährlich abgehaltenen Kurse, die geistigen Themen gewidmet waren, meine eigenen Andachtsstunden und Ares und meine geistigen Artikel und Bücher waren immer sehr geschätzt. Die Schar junger Menschen, die jetzt unsere schwedische Bewegung selbständig tragen, ist ganz von diesem Geist beseelt.

Are Waerlands seelische und geistige Entwicklung war wie bei vielen anderen großen Denkern von Wandlungen, die Reifeprozesse bedeuteten, begleitet. Ist doch unser ganzes Denken hier auf Erden und auch nachher in höheren Daseinsspären ein einziger Reifeprozeß, der unweigerlich mit Wandlungen verbunden ist. Das Ziel unseres Lebens ist es, von Klarheit zu Klarheit zu gehen.

Are Waerland kam aus einem sehr religiösen, streng dogmatisch eingestellten Elternhaus. Da er in tiefer Liebe an seinen Eltern hing, wurde er von ihrem Glauben stark beeinflußt. Der Wille, ihren Glauben voll und ganz zu teilen, hat die ersten Konflikte in seinem jungen Leben herauf-

beschworen. Denn der schon von Kindheit an so naturverbundene Mensch fühlte sich von den harten sektiererischen Dogmen eingeengt und fand seinen Gott und Erlöser eher draußen unter dem freien Himmel, am Meere, in Wald und Hain als zwischen den dunklen Mauern einer Kirche. Durch den Versuch, seine eigene Natur zu vergewaltigen und sich den Glauben seiner Eltern anzueignen, geriet er in immer tiefere Gewissenkonflikte und religiöse Grübeleien. Er wurde ungeheuer streng gegen sich selbst und glaubte — ganz gegen sein natürliches Gefühl — der Welt mit ihren „Lockungen" entsagen zu müssen. Als sein Vater frühzeitig starb, wurde er der geistige Berater seiner jüngeren Geschwister und versuchte sie in demselben engen und strengen Geist zu erziehen.

Auf eine solche Vergewaltigung der innersten Veranlagung folgt immer eine Reaktion. Sie kam auch bei Are Waerland. Als er mit etwas über zwanzig Jahren nach einer schweren Erkrankung zu einem neuen, ungeahnt reichen Leben erwachte, fand er den ihm geeigneten Weg zu seinem Schöpfer, einen Weg, der ihn mit zunehmender Reife den geistigen Quellen näher und näher führte. Aber da er das Christusbild, so wie es ihm in seiner Kindheit und Jugend von der sektiererischen Kirche seiner Heimat gegeben wurde, nicht mehr bejahen konnte, verlor er für Jahrzehnte den lebendigen Kontakt mit dem Erlöser. Erst mit einundsiebzig Jahren fand er Ihn wieder, und diesmal wurde Christus — wie er selbst es ausdrückt — sein allertiefstes Erleben.

Damals nach dem großen Durchbruch zum Leben, nach der schweren Erkrankung, die für ihn der Wendepunkt bedeutete, folgten für Are Waerland Jahrzehnte der inneren Wandlungen, des inneren Wachstums und der Vertiefung. Er lebte gleichzeitig zwei verschiedene Leben, ein äußeres, arbeitsreiches und stürmisches, und ein inneres, tief besinnliches. Alle Epochen seiner inneren Entwicklung waren aber stets von einem tiefen Gottesglauben geprägt. In allen wechselnden Erscheinungen des wunderbaren Erdenlebens, im kleinsten wie im gewaltigsten Geschehen der Natur, wurde ihm stets Gottes Allmacht und Schöpferkraft offenbart. Immer stärker fühlte er sich umschlossen und getragen von den geistigen Kraftströmen, und oft waren ihm die geistigen Wirklichkeiten näher als alle unseren Sinnen wahrnehmbaren Erscheinungsformen. Er war der geborene Sucher und Forscher sowohl in irdischen wie in geistigen Bereichen. Die kleinen und großen Mysterien des Daseins erfüllten ihn mit einer tiefen Ehrfurcht, einer Sehnsucht nach Vollkommenheit.

Da er sehr vielseitig war, vertiefte er sich in alle Gedankenströme des Westens und des Ostens, begeisterte er sich oft über neue Gedanken, verwob sie eine Weile mit seinem eigenen innersten Gedankengut, um dann daraus das auszusondern und zu behalten, was ihm verwandt war, und das andere wieder fallen zu lassen. In seinem Schrifttum spiegelt sich dieser Vorgang deutlich ab.

So begeisterte er sich mehrere Jahre sehr für unsere altnordische Gedankenwelt. Die tiefen naturnahen Vorstellungen unserer Ahnen brachten verwandte Saiten in ihm zum Schwingen. Diese Epoche seines inneren Lebens hat einen schönen, tief empfundenen Ausdruck in einem schwedischen Werk, „Unser Urgrund", gefunden.

Aber seine geistige Entwicklung ging weiter. In den folgenden Kapiteln begegnen wir dem reifen Are Waerland und seinen Gedanken, so wie er sie uns vermitteln wollte. Lassen wir ihn selbst zu Wort kommen.

Ebba Waerland

HEILUNG UND LEBENSKRAFT aus dem Geist

Unsere Gesundheit ist nicht nur durch körperliche Faktoren bedingt. Der Mensch ist eine Einheit von Körper, Seele und Geist. Gross sind die Einflüsse von *Seele und Geist* auf Gesundheit und Krankheit des Menschen. Auch die Wissenschaft hat begonnen, sich mit den Fragen zu befassen, welchen Einfluß die *Lebenseinstellung* und die durch sie hervorgerufenen *Gemütsverfassungen* und Reaktionen auf unser Wohlbefinden und Lebensglück haben. Bei allen negativen Gemütsbewegungen wie Hass, Wut, Angst und schwere Melancholie (Depression) sondern die inneren Drüsen Gifte aus. Im gleichen Masse aber wie uns die negativen Reaktionen und Gemütsstimmungen schädigen und unsere körperliche und seelische Widerstandskraft schwächen, gibt uns eine positive Lebenseinstellung fast unerschöpfliche Zuschüsse an Heil- und Lebenskraft.

Jeder erfährt im täglichen Leben, was eine positive Gemütsverfassung für unser Wohlergehen bedeutet, wie *Freude und Zuversicht* uns Kraft geben und uns über das Schwere tragen. Ebenso kennen wir aus eigener Erfahrung, wie negative Gedanken und Empfindungen uns schaden, uns müde, krank und widerstandslos machen. Und viele werden erfahren haben, was uns der *Kontakt mit den geistigen Lebensströmen* bedeuten kann, wenn wir aus eigener Kraft nicht weiterkommen. Diese Erfahrungen gilt es auch bei der *Überwindung von Krankheiten* nutzbar zu machen. Keine vollkommene Gesundheit kann erreicht werden, wenn ausser den körperlichen nicht auch die seelischen Kräfte mobilisiert werden. Je mehr der Kranke sich den inneren Kraftquellen öffnet, desto andauernder und durchgreifender wird die Heilung, die er erleben darf.

Diese Wahrheiten hat Ebba Waerland am eigenen Leibe erlebt. Aus schwersten Leiden hat sie sich befreit und wurde selbst zur grossen Heilerin. Ihre Erfahrungen sind in diesem Buche niedergelegt. Es vereinigt in einem Band die drei Einzeltitel: «Die geistigen Wirklichkeiten»/«Zu den Quellen des Lebens» (Der Weg zum inneren Leben)/ «Kraft und Trost in einsamen Stunden». (DM/Fr. 20,— im Humata-Verlag.)

1] Lebensanschauung und Persönlichkeit

MOTTO
Wir bekennen uns zu dem Geschlecht,
das aus dem Dunkeln ins Helle strebt.
GOETHE

WENN MAN die verschiedensten Völker der Erde miteinander vergleicht, kommt man unvermeidlich zu dem Schluß, daß Denken und Philosophieren von allen Völkern dem deutschen am besten liegt. Das deutsche Volk hat ja auch eine Reihe von großen Philosophen — mit Kant an der Spitze — hervorgebracht. Aber auch seine Dichter haben diese ihnen natürlich scheinende Neigung zum Philosophieren, die das ganze Volk charakterisiert. Ein gutes Beispiel ist hier Goethe, dessen Stellung als philosophischer Dichter in der Welt einzig dastehend ist. Keine Persönlichkeit wird auch in Deutschland so viel zitiert und diskutiert, wie dieser geniale Dichter, Denker und Mensch. Er hat seine Persönlichkeit dem deutschen Volk für alle Zeiten aufgeprägt. In seinem Buch „Weltanschauung“ spricht der deutsche Philosoph *Dr. Gustav Wyneken* von „der echt deutschen Freude am Denken und seiner Empfänglichkeit für Ideen“. Rückschauend auf „jene fürchterlichen zwölf Jahre des Aufbruchs eines ganzen großen Volkes hinter einem Verführer“, fragt er sich, „ob vielleicht wiederum sein Volk vom Schicksal dazu erkoren sei, das erste Versuchs- und Kampffeld und dann wohl auch das Opfer eines neuen Geistes zu sein, und ob nicht der großen Krisis, die wir als eine politische und soziale erleben, eigentlich eine Krisis der Weltanschauung zugrunde liegt?" ... „Naht die Stunde einer weltanschaulichen Erneuerung unseres Volkes und der Welt, so soll nicht ein Zurück", meint er, „sondern ein *Hindurch* die Losung sein." — Dieses „Hindurch" erinnert mich an Ibsens Schauspiel Peer Gynt, in dem der große Naturgeist „Beugen" Peer Gynt in seiner Seelennot mit Stentorstimme zuruft: „Ikke udenom uden igennem!" — „Nicht außenherum, sondern hindurch!" *Hindurch* müssen wir alle mit unseren Fragen, Problemen und unserer Lebensaufgabe. Kein Mensch kann uns in dieser Beziehung helfen. Es lohnt sich nicht, zu versuchen, „außenherum" zu gehen. Wir werden immer, jeder von uns, von einer unsichtbaren Hand zurück zu unseren eigenen Problemen, Fragen und Aufgaben geführt, bis wir endlich einsehen, daß wir „hindurch" müssen. Je höher die Aufgabe, je höher sind auch die Forderungen, die das Leben an uns stellt.

Man hat wohl das Gefühl, daß das Leben sich niemals selbst erneuern kann, ohne eine solche Lebensanschauung als Leitstern zu haben. Und es gibt auch keine größere Macht in der Welt, als die Macht der Gedanken. Aber eine für alle Menschen in derselben Weise gültige und ihnen helfende Lebens- und Weltanschauung gibt es nicht mehr und wird es wahrscheinlich niemals mehr geben. Die Zeit der großen kollektiven religiösen Ideologien scheint für immer vorbei. Selbstverständlich werden sie noch lange bleiben und ihre Struktur behalten, weil sie die große Aufgabe haben, die Menschen um die religiösen Ideen und Ideale zu sammeln. Aber innerhalb der Gemeinden wird diese zwangsläufige Tendenz, die Lebensanschauung persönlich auszuformen und die kollektiven Anschauungen zu individualisieren, sich immer stärker bemerkbar machen. Die Entwicklung steht offenbar im Zeichen eines fortschreitenden Individualismus. Jede Menschenseele entspringt dem Universum als *etwas von völlig eigener Art,* mit einem *nur ihm eigenen Schicksal* und *einer ihm gegebenen persönlichen Lebensaufgabe.* Zu dieser

Lebensaufgabe gehört, daß jedes Individuum auch seine eigene Lebensanschauung finden und aufbauen muß. Jeder Kollektivismus — auch der religiöse — ist ausgeschlossen. Unser Schicksal ist mit unserem Lebenskern auf das Innigste zusammengewoben und verlangt deswegen von uns und für uns immer genau diejenigen „charakteristischen" Erlebnisse, die auf diesen Kern Bezug haben. Fragen wir uns, was dieser Kern ist, so muß ich mit Wyneken erwidern, daß er ein Urphänomen ist, das niemals mit Worten erklärt werden kann. Ich werde hier aber das Tiefste zitieren, das über diesen Lebenskern zu uns gekommen ist, von *Patience Worth,* diesem wundervollen philosophischen Leitstern.

Was ist Persönlichkeit?

„Um irgend etwas darüber sagen zu können, was Persönlichkeit ist, müßten wir erst sagen können, was Gott ist. Jeder Mensch trägt etwas in sich von der Allmacht, die ihn geschaffen hat, zumal der innerste Kern seines Wesens Gott entsprungen und daher ein Teil von ihm ist — ein Teil, ebenso unaussagbar, unbestimmbar wie Gott selbst. Was aus Gott entsprungen ist, ist auch seines Wesens teilhaftig.

Der Mensch besteht sowohl aus Stoff wie aus Geist. Er gestaltet selbst sein Schicksal. Laß mich das noch einmal betonen: Der Mensch ist aus Gott entsprungen, und mit diesem Erbe von Ihm ist er hernieder gestiegen in den Stoff, wo er nun dessen Gesetzmäßigkeit anheim gefallen und als ein wirksamer Gestalter in dessen Entwicklung und Bestimmung eingetreten ist. Was der Mensch sein Schicksal nennt, ist sein eigenes Werk. Seine Gedanken und Handlungen formen sein eigenes Schicksal, gemäß einer gegebenen göttlichen Gesetzmäßigkeit.

Persönlichkeit ist ein seelischer Urbestandteil, ein seelisches Atom, Gottes Wesen entsprungen und eingekleidet in das feine Strahlengewebe des Stoffes.

Aber dieses Unbestimmbare, dieses unerklärbare Etwas, diese Allmacht, die gemäß einem Gesetz, das keiner fassen, noch ändern kann, das hervorbringt, was wir das „DU" und das „ICH" nennen, geht über allen Verstand hinaus. Um das erklären zu können, müßten wir zuvor erklären, was „Gott" ist, was zu allen Zeiten und für alle Menschen unerklärbar ist und bleiben wird.

Was wir „Persönlichkeit" nennen, ist deshalb ebenso unendlich wie die Ewigkeit, ebenso unaussagbar und unauslöschlich wie Gottes eigenes Wesen selbst.

Persönlichkeit ist die Wurzel, die eine jede Menschenseele in die Ewigkeit hineinpflanzt. Sie hat einmal begonnen, kann aber nie mehr aufhören. Sie ist aus Gott entsprungen, und das macht alle menschlichen Versuche unmöglich, ihren Ursprung zu erfassen. Und da sie nie ihren Endpunkt oder ihr Endziel erreichen kann, besteht für den Menschen genauso wenig irgendeine Möglichkeit, ihre unermeßliche, zeit- und raumlose Tiefe, ihr unermeßliches zeit- und raumloses Wesen zu erfassen, wie es für den Menschen unmöglich ist, das dem Weltall eigene Leben, seinen Ursprung und Anfang zu begreifen."

*

In meinem 77jährigen Leben habe ich, seitdem ich 16 Jahre alt war, viel gedacht, studiert, gesucht und erlebt, aber niemals etwas Schöneres und Wahreres in Worten gefunden, das so vollständig mit meiner Ansicht und mit meinen Erlebnissen zusammenklingt wie dieses Wort einer Seele, die der meinen so nahe verwandt scheint.

Man hat mich gefragt: Was ist die Lebensanschauung der Waerland-Bewegung? — Eine absurde Frage! Als ob eine säkuläre Bewegung eine für alle ihre Mitglieder allgemein gültige Weltanschauung haben könnte! Eine solche, jedem Mitglied vorgeschriebene Lebens- und Weltanschauung wäre die größte Vergewaltigung der grundlegenden Tendenz der gesamten Weltentwicklung, die zum höchsten Ziel *das Eigen-*

artig-Individuelle, das Persönliche und Einmalig-Dastehende hat. Es gibt auf dieser Welt nicht zwei Bäume, zwei Blumen oder zwei Blätter, die absolut gleich wären. Und könnte man zwei solche finden, die äußerlich gleich aussehen, so werden sie sich doch voneinander unterscheiden durch ihre verschiedene Lage im Weltraum, Beziehungen zu ihrer Umgebung, Verteilung der Atome, Moleküle und Zellen in ihrem Gewebe, Aufbau und Struktur. — In derselben Weise gibt es auf dieser Erde — religiös betrachtet — nicht zwei Katholiken, nicht zwei Buddhisten, nicht zwei Protestanten, die in allen Details dieselben religiösen Anschauungen haben können. Jede religiöse Anschauung zersplittert sich in genau soviele Einzelanschauungen, wie sie Mitglieder hat, d. h. wie es Mitglieder dieser kollektiven Anschauung gibt. In der Medizin ist man zu der Ansicht gekommen, daß es genau soviele Krankheiten wie kranke Menschen gibt. — Und so ist es überall im Leben.

Eine Bewegung wie die Waerland-Bewegung kann deswegen unmöglich eine kollektive Lebensanschauung haben. Sie hat Anhänger nur auf Grund der Ernährungsweise, und jeder von diesen Anhängern muß deshalb als ein Individuum auch das Recht auf seine nur ihm eigene persönliche Lebensanschauung haben. Wir können heute nicht mehr eine Lebens- und Weltanschauung von Mensch zu Mensch überführen, etwa wie ein Geldschein von Hand zu Hand geht und in jeder Hand denselben Wert präsentiert — aber doch nicht hat, weil der wirkliche Wert dieses Geldscheins erst durch die Benutzung realisiert wird, und diese Benutzung immer individuell verschieden ist.

Weltanschauung und Lebensanschauung können wir also nicht austauschen oder überführen. Alles, was wir tun können, ist, einander zu erzählen, *wie* wir die Welt ansehen und in welcher Weise wir zu dieser Anschauung gekommen sind. Wir müssen es dem Anderen nachher überlassen, *seinen eigenen Weg zu seiner eigenen Lebensanschauung zu finden.* Nur in dieser Weise kann ein Mensch einem andern Inspiration sein. In derselben Weise, wie z. B. diese wundervollen Worte von Patience Worth mir und tausend anderen eine Inspiration gewesen sind.

Inspiration ist Kraft! Durch das vorbildliche Denken und Leben anderer Menschen können wir — jeder von uns — Mut und Kraft bekommen, unsere eigene Lebens- und Weltanschauung zu vertiefen und zu vervollkommnen. Man studiere nur die Bedeutung Goethes in dieser Beziehung für das ganze deutsche Volk. Es gibt wahrscheinlich in Deutschland keinen denkenden Menschen, der nicht einen Goethespruch auf seinen Lippen hat und in seinem Gedächtnis einen Vorrat davon herumträgt. Viele von seinen Aussprüchen braucht man nur einmal zu hören, um sie nie mehr zu vergessen. Zum Beispiel dieser:

„Alles Vergängliche ist nur ein Gleichnis ..."

Es gibt kein Mittel, mit dem man die Wirkung dieser Worte auf Millionen von Seelen ermessen könnte. Das ist, was ich Inspiration nenne. Und Inspiration ist und bleibt für immer eine der größten Kraftquellen des Lebens. So ist es auch mit Begeisterung. Die Begeisterung ist ein magischer Schlüssel, der die Türe zu unermeßlichen geistigen Reichtümern und Welten öffnet.

*

Als Junge war ich sehr interessiert, alles zu lesen, was von seelischem Wert war. Aber mehr als das Lesen interessierte mich zu wissen, was die Verfasser dieser Bücher und Schriften und die Menschen in meiner Umgebung wirklich innerlich über das Leben und die Welt gedacht haben. Ich fand bald heraus, daß die denkenden Menschen und besonders die höchststehenden und höchstentwickelten in Schrift und Sprache sehr vorsichtig waren und nur dem, was die Menschen genehmigen würden, Ausdruck gaben. Ihre wirklichen

Ansichten aber hielten sie in der Brust verschlossen, und ich ahnte, daß das, was sie versteckten, gerade das Wertvollste war. Goethe hat das sehr gut im Faust ausgedrückt:

„Die Wenigen, die was davon erkannt,
die töricht g'nug ihr volles Herz nicht wahrten,
dem Pöbel ihr Gefühl, ihr Schauen offenbarten,
hat man von je gekreuzigt und verbrannt."

So kommt es z. B., daß die größten Philosophen in ihren Büchern selten *das* zum Ausdruck kommen lassen, was in Wirklichkeit das Wertvollste ihrer Lebenserfahrungen und das Innerste ihrer Herzen repräsentiert. Was hätte ich nicht bezahlt, um zu wissen, was meine geliebten Lehrer in der Schule wirklich dachten. Aber sie zeigten uns Schülern meist nur das Gesicht, das ihre wirklichen Ansichten verbarg. Einige machten jedoch eine Ausnahme, und gerade diese wurden von uns Jungen sehr geliebt, bewundert und niemals vergessen. Oft war es nur ein kleines Wort, unabsichtlich über ihre Lippen gesprungen, oder ein Aufblitzen in ihren Augen, das uns ihr Inneres öffnete. Kant hatte viele große Gedanken und hat die Philosophie dadurch sehr vorwärts gebracht. Aber für mich bleibt das, was er, vielleicht unabsichtlich, über Leben und Tod und seine innere Einstellung zu diesen großen Fragen geäußert hat, doch wertvoller, als was er über seine philosophischen Entdeckungen geschrieben hat. — Warum? — Weil das in tiefstem Sinn Persönliche immer das Wertvollste repräsentiert.

Schon in meinen Schuljahren habe ich mir deswegen versprochen, diese Erde nicht zu verlassen, ohne gerade *das* zu sagen, was die anderen Menschen glauben, *nicht* sagen zu dürfen — nämlich das, was ich innerlich erlebt und gedacht habe über die größten Fragen des Lebens. Viele Briefe, die nach der Lebensanschauung der Waerland-Bewegung fragen, haben mich dazu aufgefordert. Aber, wie ich oben gesagt habe: Eine säkuläre Bewegung kann niemals eine für alle

Mitglieder gültige Lebensanschauung haben. Soviele Waerlandisten es gibt, soviele Lebensanschauungen gibt es auch unter ihnen. Und meine ist deswegen nur eine unter tausend anderen. Aber gleichzeitig ist sie doch die Lebensanschauung, die die Waerland-Bewegung, so wie sie in meiner Seele entstanden ist, getragen hat. Sie fand ihre Losung, ehe sie einen einzigen Anhänger hatte, in den Worten:

„Für des Lebens Größe und Schönheit".

Wenn wir von einer religiösen Grundlage der Waerland-Bewegung sprechen wollen, können wir diese auf die zwei Worte oben begrenzen: auf „die Größe und Schönheit" des Lebens. Was mich zu dieser Losung geführt hat, ist mein eigener Lebensweg, im Suchen, im Erarbeiten und im Finden. Niemals kann ich meine Ansichten einem anderen geben. Sie sind mein eigenstes Eigentum, das nicht übertragen werden kann. Aber vielleicht kann ich, wenn ich darüber schreibe, andere inspirieren und ihnen die Kraft geben, ihr eigenes Lebensrätsel auf ihre eigene besondere Art zu lösen, oder eine bessere Lösung zu finden. Aber dabei soll man niemals denken, daß ich meine Ansichten anderen aufzwingen will, daß ich sie beinflussen will. Dafür ist meine Achtung vor der Anschauung jedes einzelnen viel zu groß, und unantastbar erscheint mir, was er in seinem Innern an Schätzen angehäuft hat. Der Mensch ist frei — „sein eigener Baumeister und Gesetzgeber", sagt Wyneken und fügt dazu, „der Mensch ist ganz frei und gerade darum Träger einer ungeheuren Verantwortlichkeit, denn er selbst ist in seine eigenen Hände gegeben. Er selbst ist der Bote, der Träger des Geistes und vielleicht ein Samenkorn des Weltsinnes."

Ich bin mit diesen Worten ganz einverstanden.

Wir kommen jetzt in eine Epoche, in welcher sich das Leben grundsätzlich in Individuen aufteilt und von diesen Individuen eine Höchstleistung gefordert wird. Für diese Höchstleistung ist aber gerade eine vergeistigte Lebens-

anschauung jedes einzelnen eine Grundbedingung. Maeterlinck hat diese Wahrheit besonders schön in seinem Buch «La Sagesse et la Destinée» ausgedrückt:
«One ne fait vraiment pas son devoir dans la vie interieure, qu'en le faisant toujours au plus haut de son ame, au plus haut de sa verité propre.«

II] Kindheit und Jugendjahre

Ohne Erleben wäre Leben nicht Leben.
GUSTAV WYNEKEN

Ich verachte alles Denken, das nicht erlebt wird.
HANS KÜNKEL

Wie ich im vorigen Kapitel ausgeführt habe, muß jeder Mensch seine eigene Lebensanschauung haben, die er sich selbst aus seiner eigenen Erfahrung und den religiösen Ansichten seiner Umgebung aufgebaut hat. Zwei Menschen können unmöglich die Welt und ihr eigenes Leben in absolut gleicher Weise erfassen und deswegen auch nicht „anschauen". Diese axiomatische Tatsache muß grundsätzlich den Ausgangspunkt bilden für ein philosophisches Studium der Lebensanschauungen. Der Begriff „Anschauung" bezieht sich immer auf einzelne Individuen und kann logischerweise nicht in kollektiver Beziehung gebraucht werden, ohne daß wir den Begriff selbst vergewaltigen. Meine Lebensanschauung, die ich hier so genau wie möglich niederzuschreiben versuchen werde, kann deshalb nur eine unter Millionen und Millionen anderen sein. Sie soll keinen vorbildlichen Wert haben. Sie mag andere Menschen nur insofern beeinflussen, als sie vielleicht ihre eigene Anschauung stückweise darin finden oder durch Auseinandersetzungen mit *meiner* Lebensanschauung ihre eigene klarer zurechtlegen können.

In der Geschichte der Philosophie begegnen wir Hunderten von verschiedenen ausgearbeiteten Lebensanschauungen. Die meisten von ihnen sind nur das Resultat eines ausgedachten und dann ausgesponnenen Gedankenspiels, das mit einigen Prämissen angefangen hat. Das Wort „Prämisse" setzt sich zusammen aus lat. prae = voran und mittere = nehmen. Also man nimmt etwas als wahrscheinlich oder wahr vorweg, und dann beginnt das Spiel. Aus diesen Prämissen baut man ein Netz, eine Struktur von Gedanken, und wirft dieses Netz über die Erscheinungen des Lebens oder versucht, das Leben und das Weltall so zu sehen, als ob die gemachte Struktur deren Grundlage wäre. Dies ist ein sehr interessantes, intellektuelles Spiel — man könnte es mit Schachspiel vergleichen —, hat aber doch immer nur einen ephemeren Wert, d. h. denselben Wert wie ein Roman.

Eine andere Art der Lebensanschauungen bilden alle diejenigen, die aus dem tiefen Seelen- und Herzensgrund eines Menschen entsprungen sind und für ihn *eine Lebensnotwendigkeit* bedeuten — ja fast an Leben und Tod greifen. Zu dieser Gruppe gehören alle in der tiefsten Bedeutung des Wortes religiösen Anschauungen, wie z. B. die Anschauung des Apostel Paulus, Augustinus, Franziskus von Assissi, Thomas a. Kempis, Luther — und im Altertum Pythagoras, Sokrates, Platon, Sophokles und anderer.

Nun kann ich viele von meinen Lesern sagen hören: Aber alle jene Lebensanschauungen sind nicht *meine* Lebensanschauung! Vielleicht fügt ein sehr kritischer, materialistisch eingestellter Leser hinzu: Alle die genannten Lebensanschauungen haben sich als lebensfremd erwiesen und sind deshalb ohne Wert. — Aber meine lieben Leser, vergessen Sie unseren Ausgangspunkt nicht! Gemäß diesem Ausgangspunkt haben alle Anschauungen großen Wert für ihre Urheber gehabt und waren für sie sogar absolut lebensnotwendig. Sie haben auch einen zweiten Wert gehabt. Sie haben Tausenden von Menschen in unzähligen Generationen geholfen, ihre eigene Lebensanschauung zu finden. Sie sind ihnen zum Leitstern geworden. Eine Lebensanschauung hat also immer einen Wert für gewisse Menschen in gewissen Lebenslagen und -zeiten. Nun ist es grundsätzlich so, daß kein Mensch auf dieser Erde ohne eine eigene Lebensanschauung auskommen kann. Einmal erklärte mir zwar ein Studienkamerad: „Ich habe keine Lebensanschauung, mir ist das Leben und die Welt vollkommen gleichgültig.“ Ich erwiderte sofort: „Aber mit diesen Worten hast du ja genau deine Lebensanschauung erklärt! Und diese Lebensanschauung wird auch ihre wahrscheinlich sehr verhängnisvollen Folgen haben, weil sie so negativ ist und weil das Leben immer das Positive fordert.“ — Ich hatte auch recht. Er verwickelte sich zehn Jahre später in Unternehmungen, denen er keineswegs gewachsen war und die ihn zum Selbstmord trieben.

*

Die meisten Menschen haben ein stark entwickeltes Gefühl dafür, daß eine Lebensanschauung eine *lebenaufbauende* und *lebenschützende seelische Grundlage* für ihr Leben bedeutet. Deshalb sind auch alle denkenden und tieffühlenden Menschen immer auf der Suche nach einer sie führenden Anschauung — und wenn sie eine solche schon gefunden haben, nach ihrer Bestätigung, Fortentwicklung und Erweiterung.

Nichts im Leben steht ja still. So ist es auch hiermit, weil jeder Mensch sein eigenes Leben und seinen ihm eigenen Drang zur Entwicklung hat. Eine Lebensanschauung ist wie ein Same, in den Nährboden einer Seele gelegt, und nimmt deswegen sofort individuelle Prägung, Entwicklung und Wert an.

So ist es auch mit meiner eigenen Lebensanschauung gewesen. Sie ist aus dem tiefsten inneren Seelengrund entsprungen und hat sich allmählich durch die Erfahrungen und Erlebnisse meines 77jährigen Lebens (1953) bis zu diesem Punkt entwickelt, an welchem ich jetzt stehe. Aber durch diese Entwicklung läuft ein Leitfaden, der alle ihre verschiedenen Phasen zu einem lebenden Ganzen zusammengeknüpft hat und der ein integrierender Teil meines Wesens ist.

In seinem großen philosophischen Werk „Weltanschauung" betrachtet der deutsche Philosoph Dr. Gustav Wyneken jede Menschenseele — oder besser gesagt, jedes „Ich" — als ein Urphänomen, d. h. als ein Etwas, das aus dem Urgrund unseres Weltalls in gleicher Weise entsprungen ist wie das Weltall selbst. Wir können den Ursprung des Weltalls nicht erklären, und ebensowenig können wir den Ursprung eines menschlichen „Ichs" erklären. In diesem „Ich" und dessen Ursprung ist das, was man als Schicksal bezeichnet, versteckt. Zu diesem Schicksal aber gehört genau, was wir Persönlichkeit, Charakter und Lebensweg nennen — und deswegen auch die persönlichen Erfahrungen, die jeder Mensch macht... und endlich auch unvermeidlich, als ein integrierender Teil seines Wesens, seine eigene und eigenartige Lebensanschauung.

*

Es ist nicht vielen Menschen vergönnt, nach einem reichen Leben voller Erfahrungen, Studien und Reisen im späten Alter einen Überblick über den gesamten Lebensverlauf geben zu dürfen — und da besonders über Kindheit und Jugendjahre —, vor allem sind es nicht viele, die ihr Leben so vollständig revolutioniert haben, wie ich das meine schon im 23. Lebensjahre durch meine eigenartige, biologisch begründete Lebensführung. Selbstverständlich sehe ich besonders meine Kindheit und Jugend durch die Brille meiner heutigen biologischen, psychologischen und philosophischen Ansichten und Erfahrungen. Dazu kommt, daß ich ein ungewöhnlich gutes Gedächtnis für alle Zeitabschnitte meines

Lebens habe und mich dieser fast bis in die kleinsten Details erinnern kann.

Ich kann meine Kindheit und Jugendjahre in drei Perioden gliedern: Erste Periode bis 6 Jahre, die zweite bis 12 Jahre und die dritte bis 18 Jahre.

Die ersten sechs Jahre waren eine zauberhaft glückliche Zeit.

Ich wurde in der uralten schwedischen Stadt Ekenäs am Baltischen Meer in Finnland am 13. April 1876 geboren. Es war an einem Donnerstag in der Osterwoche — genau an dem Tag, da gemäß einer alten Überlieferung alle Trolls, d. h. Naturgeister, nach Blaukulla fuhren, dem Platz, wo sie sich seit urdenklichen Zeiten an diesem Tag versammelten, um ihr Osterfest zu feiern. Meine Mutter sagte auch immer spaßend, wenn ich Geburtstag hatte, daß ich mit den Trolls gekommen wäre. Sie erzählte auch, daß ich schon als Säugling eine ungewöhnliche Freude über Musik und Gesang gezeigt hätte. So hätten zum Beispiel meine Arme und Beine sich schon in der Wiege zum Rhythmus der Musik bewegt, wenn jemand im Zimmer musizierte. Ein anderes Zeugnis meiner Freude am Rhythmus war meine Liebe für Gedichte, deren sprachlicher Rhythmus ja dem der Musik verwandt ist. Als ich drei Jahre alt war, bekam ich ein schönes Bilderbuch mit ausgezeichneten Zeichnungen eines unserer hervorragendsten nordischen Maler. Auf jeder Seite war eine Zeichnung und darunter ein Gedicht. Das Buch hieß „Bibis Saga“ und schilderte das Leben eines kleinen sechsjährigen Mädchens. Meine Mutter las es mir vor, mit dem Ergebnis, daß ich sehr schnell alle diese Gedichte auswendig lernte.

Einmal an einem Gesellschaftsabend kam ich mit diesem großen Buch an und legte mich auf den Boden unseres Wohnzimmers, öffnete das Buch, wendete die Seiten sehr nett um und „las“ die Verse vor. Plötzlich wurde es vollständig still. Alle, erzählte meine Mutter, sahen mich stumm mit großen Augen an. Ich war ja nur drei Jahre alt. Dann kamen sie, einer nach dem andern, um mein „Lesen" zu kontrollieren und fanden, daß ich jeden Vers und jedes Wort richtig „las". Sie können sich das Erstaunen vorstellen. Aber meine Mutter hütete sich, eine Erklärung zu geben. Und auf diese Weise verbreitete sich das Gerücht in der Stadt, daß sie ein Wunderkind habe, das schon mit drei Jahren lesen könne.

Mein Vater war ein geborener Philosoph und von ihm habe ich wahrscheinlich meine Liebe zur Philosophie geerbt. Ich war bis zu meinem sechsten Jahre ein einsames Kind, d. h. ich hatte keine Spielkameraden. Meine einzige Gesellschaft waren meine Eltern und meine sehr geliebten Paten, ein Ehepaar namens Blöös, die eine große Rolle in meinen Kindheitsjahren spielten. Sie waren beide Deutschbalten, von Reval in Estland nach Ekenäs gezogen. Er war von Beruf Goldschmied und künstlerisch sehr begabt, hatte ein schönes Haus und einen großen Garten, spielte gern Gitarre und kannte unzählige deutsche Lieder. Mein erster Ausflug auf eigene Faust in dieser Welt war der Weg zu seinem Haus, wo ich mich außerordentlich wohl fühlte. Ich kann mich tatsächlich gut an diesen ersten Ausflug erinnern, weil meine Mutter Angst hatte und sagte: „Kannst Du wirklich allein zu Deinem Paten gehen?" Ich erinnere mich auch, wie wundervoll es war, ganz allein im Gewimmel der Menschen auf der Straße zu gehen und wie stolz ich war, als ich ans Ziel kam.

Erstmals kam ich dort auch in Berührung mit der deutschen Sprache. Meine Patin war ein sehr guter und herzlicher Mensch. Die Atmosphäre in ihrem Haus war deswegen immer von Güte, Liebe und nicht am wenigsten von echtem deutschem Humor erfüllt. Mein Pate erzählte gern humorvolle Lebensereignisse, teils in deutsch, teils in schwedisch, die oft herzliches Lachen auslösten.

Während dieser sechs Jahre hatte ich auch ein schwedisches Kindermädchen, das sehr gern schwedische Volkslieder sang und Märchen erzählte. Sie war als 16jährige zu uns vom Lande gekommen, wo sie in einem Bauernhof aufgewachsen und dort nach den Anschauungen unserer uralten, sehr hochstehenden Bauernkultur erzogen war. Sie war ein reizendes Kind, ganz unverdorben, selbstlos und von großer Herzensgüte, welche Eigenschaften diese Kultur besonders charakterisieren. Vor allem hochgeschätzt waren ein ausgeglichenes Gemüt und Selbstbeherrschung, die sie auch im höchsten Maße besaß. Ich kann mich nicht erinnern, sie jemals aufgeregt, verärgert, traurig oder deprimiert gesehen zu haben. Ihre Augen waren so voll von Güte und Liebe und in ihrem Gesicht leuchtete immer ein Abglanz von der Harmonie und inneren Ruhe ihres Wesens.

Alles das empfand ich als Kind besonders stark und fühlte mich deswegen unwiderstehlich zu ihr gezogen. Ihre Geduld muß auch wirklich grenzenlos gewesen sein. Jedesmal, wenn sie auf den Knien die Zimmerböden aufwischte, kletterte ich auf ihren Rücken hinauf und saß da oben stolz wie ein Reiter auf seinem Pferd und hörte ihren vertrauten Märchen und Sagen zu. So trabte ich als kleiner Reiter auf ihr als meinem treuen Roß in die Welt der Dichtung und Märchen hinein. Was für eine wundervolle Welt! Wieviel kann doch eine verständnisvolle Menschenseele der Seele eines Kindes durch Wort und Gesang geben! Aber ihre schönste Gabe war doch ihr eigenes Wesen. Ein Abglanz dieser glücklichen Tage leuchtet noch bis in meinen Lebensherbst hinein.

Als ich sechs Jahre alt war, heiratete sie und verließ uns für immer. Es war ein schmerzerfüllter Tag in meinem jungen Leben. Sie nahm mich in ihre Arme, küßte mich, weinte und wollte nicht weggehen. Dann riß sie sich los und verschwand. Aber in meinem Herzen blieb ihr Bild und dieses Unbeschreibliche von ihr, was wir Persönlichkeit nennen, für immer.

Nur einmal traf ich sie zufällig wieder, als ich auf einem Ausflug in ein kleines Dorf kam. Wir strahlten einander an, als wir uns sahen. Sie schob einen Kinderwagen mit einem süßen Baby drin. Nun war sie 45 Jahre alt, sich aber völlig gleichgeblieben. Ich sah das Baby an und dachte: „Oh, welch glückliches Kind!" Zwanzig Jahre waren vergangen. Ich studierte Philosophie und sie hatte ihre Zeit ausgefüllt mit Haushalt und Kindern, aber wir fühlten doch beide, daß die vergangenen Jahre nichts geändert, sondern uns beide womöglich noch näher zueinandergeführt hatten. Ich sah ihr beim Abschied in die Augen, drückte ihr die Hand, konnte aber keine Worte finden. Sie verstand mich auch so — und vielleicht besser.

Wie sehr hätte ich sie jetzt vermißt, wäre nicht meine Mutter gewesen, die mich in derselben Welt von Märchen und Liedern weiterführen konnte, genau von dem Punkt, zu dem dieses wundervolle Bauernmädchen mich geführt hatte. Meine Mutter war durch Erziehung und vieles Lesen in unserem uralten nordischen Sagenkreis außerordentlich gut zu Hause. Jeden Abend, wenn ich ins Bett gebracht wurde und einschlafen sollte, erzählte sie ein Märchen und sang danach eines der wunderschönen volkstümlichen schwedischen Wiegenlieder, die in ihrer traulichen Innigkeit nur in den deutschen ein Gegenstück haben. Die meisten von ihnen sind wohl nie im Druck erschienen. Eines der schönsten klingt noch jetzt in meinen Ohren. Vielleicht ist es aus dem Herzen meiner Mutter selbst gekommen.

Ist es nicht so, daß das Lebenswerk eines Menschen seine tiefgehenden Wurzeln schon in den Erlebnissen der Kindheitsjahre stecken hat? — Mein täglicher Umgang mit Erwachsenen hatte natürlich auch eine Frühreife zur Folge. Das folgende Ereignis aus meiner Kindheit, das meine Mutter mir einmal erzählte, gibt ein gutes Bild davon, wie ich schon als Dreijähriger alles in mir verarbeitete.

Ich spielte einmal mit meinen Spielsachen auf dem Boden in unserem Wohnzimmer, als meine Mutter im Gespräch mit zwei intimen Freundinnen war. Sie fand wohl, daß dieses

Gespräch für meine Ohren nicht gut geeignet war. So sagte sie leise zu ihren Freundinnen — mit einem verstohlenen Blick auf mich: „Kleine Töpfe haben auch Ohren!" Dies hörte ich, sammelte sofort alle meine Spielsachen und ging aus dem Zimmer. In der Tür wendete ich mich plötzlich um und sagte zu meiner Mutter und ihren Freundinnen, sehr verletzt: „Kleine Töpfe haben auch Beine!" — Ich war da drei Jahre alt.

Alles dies erzähle ich nur, weil es den Schlüssel gibt zu der besonderen Entwicklung, die mein Leben durch jene Jahre erfahren hat.

Ich war durch Mangel an Spielkameraden auf mich selbst angewiesen, was die Ursache zu einer starken Entwicklung meines Innenlebens und besonders meiner Phantasie wurde. Meine Mutter hat mir mehrmals erzählt, daß ich stunden- und tagelang allein spielen konnte und auf mein Spiel so konzentriert war, daß alles um mich her versank. Ich sah und hörte nichts über dem Spielen. Also wurde mein Konzentrationsvermögen in ungewöhnlicher Weise ausgebildet und auch meine Spiele wurden mehr und mehr konstruktiv entwickelt. Ich lernte, mich selbst zu unterhalten, und ich habe es diesen sechs Jahren zu verdanken, daß ich mich in meinem ganzen späteren Leben niemals allein gefühlt habe. Gewöhnlich verabscheuen die modernen Menschen die Einsamkeit und müssen immer von außen unterhalten werden durch einen stetigen Wechsel in den Äußerungen der Umwelt, wie Radio, Kino, Zeitungen, illustrierte Zeitschriften und — Klatsch. Im Gegensatz zu dieser Tendenz habe ich immer die Einsamkeit geliebt und mich zu ihr geflüchtet aus dem Lärm und der Unruhe der Außenwelt.

In London lebte ich zehn Jahre ganz allein in meinem Haus und Garten. Dies war eine besonders glückliche und bedeutungsvolle Zeit. Stundenlang konnte ich da allein im Garten unter einer großen, schönen Weide sitzen, deren lange Zweige im Wind wehten, so tief in Träumereien und Gedanken versunken, daß Zeit und Raum für mich nicht mehr existierten. Ich war weit entfernt, in anderen Welten und hatte das Gefühl, daß ich tatsächlich in Verbindung mit geistigen Strömungen und Kräften stand, die mein Leben in einer wundervollen Weise beinflußten und erneuerten. In dieser Weise habe ich seit meinen Kinderjahren immer in zwei verschiedenen Welten gelebt: der äußeren mit ihrem Lärm und ihrer Unruhe, und der inneren mit ihrer Ruhe, Harmonie und den von der Phantasie erzeugten unbegrenzten Bau- und Spielmöglichkeiten. Wenn ich z. B. heute zuweilen stundenlang auf einen Zug zu warten habe, mache ich immer einen solchen Ausflug in meiner Phantasie zu meinen inneren Welten und stelle mir selbst eine Aufgabe, historischer, psychischer, biologischer oder philosophischer Art — oder versuche, ein Problem zu lösen oder ein Erlebnis zu analysieren und zu verarbeiten. Dann beginnt das Spiel. Ich höre nicht, ich sehe nicht, Raum und Zeit verschwinden, und zwei oder drei Stunden fliegen im Nu weg.

Menschen, denen wie mir eine hohe Aufgabe gestellt ist, der sie sich mit voller Liebe und Hingabe widmen, werden, besonders wenn diese Aufgabe in die Lebensgewohnheiten anderer eingreift und sie revolutionär in ihrem behaglichen, gewohnten Trott stört, auch viel mißverstanden, kritisiert und verleumdet. So ist es selbstverständlich auch mit mir. Ich mache mir jedoch keine Sorgen darüber. Ich flüchte in meine inneren Welten zurück. Dort ist immer Ruhe, Harmonie und Erleben — und von dort kommt mir auch die Kraft, fortzufahren und die Bestätigung, daß der Weg der rechte ist.

*

An der Wurzel des menschlichen Seelenlebens steht *das Märchen.*

Das Märchen bildet die große Eingangspforte für das der menschlichen Seele integrierende Vermögen, alle Lebenseindrücke umzudichten und eine eigene, innere Welt aufzubauen, in der die Seele sich tatsächlich mehr zu Hause fühlen kann, als in der durch unsere Sinne gegebenen äußeren Welt. Dieses Vermögen, die äußere Umwelt umzudichten und eine innere, mehr wirkliche Welt aufzubauen, müssen wir als *ein seelisches Urphänomen* betrachten.

Bitte, studieren Sie die Kinder! In jedem normalen Kind ist dieses Vermögen eingeboren und kommt im Märchen zum Ausdruck. Haben Sie jemals einer wirklichen Märchenstunde mit Kindern beigewohnt? Es ist ein großes, psychologisches Erlebnis. Da sitzen diese kleinen 6- bis 12jährigen, die sonst niemals ihre Beine und Arme ruhig halten können, stundenlang vollständig still, mit großen offenen Augen voller Wunder, mit glühenden Wangen, so gefangen von dem Märchen, daß sie jedes Gefühl für Zeit und Raum, für Müdigkeit und Hunger verloren haben. Ihr Leben ist wie zum Stillstehen gebracht. Sie sind durch das Märchen in eine andere Welt hineingeführt worden, die ihnen momentan viel wirklicher ist als die tatsächliche, in der sie leben. Die Märchenstunden betrachten sie als die glücklichsten ihres Lebens. Dahin sehnen sie sich immer, da wollen sie am liebsten immer leben.

So war es auch mit mir. Die Welt, in der ich lebte, war meine eigene Schöpfung, viel schöner und wirklicher als die Zimmer unserer Wohnung, unser Garten und die Straßen und Häuser unserer kleinen Stadt. Meine Spielsachen waren oft nur Steine und Stücke von Holz und „dies und das“, was ich in unserem Garten gefunden hatte. Aber in meinem Spiel wurden sie zu Vertretern für alles zwischen Himmel und Erde verwandelt: zu Kindern und Eltern, König und Königin, zu Möbeln und Hausgeräten, zu Katzen und Hunden, Löwen, Mond und Sternen. Ist nicht dieses, jedem Kind innewohnende Vermögen, sich von der tatsächlichen Umgebung zu abstrahieren und diese umzudichten, etwas für die menschliche Natur Grundlegendes, das einen tiefen

Sinn und eine große Bedeutung und Aufgabe hat? Wir sind alle, Junge und Alte, Kinder und Erwachsene, im Banne dieses zauberhaften Vermögens gefangen und können uns niemals von ihm losmachen. Als Kinder lauschen wir den Märchen, die andere gesponnen haben, und bauen gleichzeitig unsere eigene Welt dabei auf. Dann kommt die Schule, die uns in die märchenhafte Welt unserer Eltern, Lehrer, der früheren Generationen und der Wissenschaft hineinführt. Und nach der Schule kommt das große Abenteuer unseres Lebens, das nun eigentlich unser eigenstes Märchen wird.

Was bedeutet nun dies alles?

Bedeutet es nicht für jeden, der Augen hat zu sehen, Ohren zu hören und Verstand zu begreifen, daß jede Menschenseele als Schöpfer und Baumeister geboren ist? Und daß das Leben schon an seiner Eingangspforte bestimmt und klar gesagt hat: Hierher bist du gekommen und nun mußt du dir dein eigenes Leben und deine eigene Welt selbst aufbauen? Tust du das, gemäß der Fügung deines Schicksals, die die Stimme deines Gewissens ist, so vollführst du auch deine Bestimmung. Friede und Harmonie erfüllen dann dein Leben. Läßt du dir dies dagegen von deinen Sinneseindrükken und deiner Umwelt diktieren, so hast du deine Bestimmung verfehlt und Unzufriedenheit und Disharmonie, ein ewiges Anrennen an die Grenzen und Schranken wird sehr oft die Folge sein. Es ist dann, wie wenn man vom Kern und Zentrum seines Wesens zu dessen Peripherie versetzt ist, und anstatt ein Beherrscher seiner Sinneseindrücke zu sein, zu deren willenlosen Sklaven gemacht wird. *Hans Künkel* hat dies in seinem goldenen Buch „Der furchtlose Mensch" sehr schön gesagt:

„Die innere Wandlung von Stoffgebundenheit zur Selbständigkeit, von der Abhängigkeit zur Meisterschaft, von der Ich-Verhaftung zur Weltenweite, ist der Sinn des Menschenlebens ... Wer sich gegen diesen Sinn verschließt, verleugnet die Wachstumskräfte der Natur, die über sich hinauswachsen will, und gerät ins Stocken."

Von diesem Gesichtspunkt aus können wir sagen, daß Glück Entfaltung und Entwicklung des großen Vermögens ist, die Eindrücke der Außenwelt zu seelischen Kleinodien umzuarbeiten.

Ohne die Außenwelt können wir nicht auskommen. Nur durch unsere Auseinandersetzungen mit der Außenwelt entwickeln wir uns und machen unser Leben fruchtbar. Aber aus diesen Tausenden von Eindrücken, die wir dadurch gesammelt haben, müssen wir mit Sorgfalt gerade diejenigen auswählen und benutzen, die sich für unser Leben als wichtig erwiesen haben. Unsere Aufgabe hier ist, bildlich gesprochen, dieselbe wie die der Bienen. Auf jedem Ausflug in die Außenwelt suchen sie nur die Blumen auf, die ihnen Nahrung für ihren Aufenthalt bieten können. Und was sie in den schönsten Kelchen finden, arbeiten sie mit ihren körperlichen Organen um zu der feinsten und schmackhaftesten Nahrung, die es überhaupt gibt. In derselben Weise müssen auch wir täglich während unserer Auseinandersetzung mit der Außenwelt immer die beste und geeignetste Nahrung für unsere Seele hereinholen. Es ist ja die Welt unserer Seele, in der wir leben, und nicht die Außenwelt, wie die meisten Menschen fälschlich glauben. Wenn wir am Abend unseres Tages unsere Augenlieder schließen, so ist das Außenwelt-Panorama dieses Tages wie ein Traum für immer verschwunden, und zurück bleibt nur das, was wir in unserer Seele aufgenommen und zu einem integrierenden Teil derselben verarbeitet haben. Was zurück bleibt, ist also unser eigenes Besitztum und unsere wirkliche Welt, in der wir leben. Was hierdurch festgehalten wird, kann niemand mehr von uns wegnehmen, weil es ein untrennbarer Teil unseres Wesens geworden ist — genau so, wie z. B. das Herz und der Blutkreislauf ein von unserem körperlichen Leben unabtrennbarer Teil ist. Das menschliche Leben ist deswegen ein niemals aufhörender Assimilierungs- und Wachstumsprozeß. Wir entwickeln uns durch das, was wir während unserer Auseinandersetzungen mit unserer Außenwelt assimilieren, d. h. zu einem untrennbaren Teil unseres eigenen Wesens verarbeiten. Und das, was wir in dieser Weise aufnehmen und zu dem uns „eigentümlichen" machen, ist immer von unserem Wesenskern, d. h. unserem Charakter und der Art unserer Persönlichkeit, diktiert. Alles das zusammengefaßt, formt unser Schicksal. Und da jeder Mensch ein eigenes, ihm eigentümliches Schicksal hat, ist es auch verständlich, daß er von der Außenwelt mit seinem Wesen nur das assimilieren kann, was für ihn schicksalhaft ist.

Ich möchte hier wieder Künkel zitieren: „Was wir suchen und erstreben, wie das, was wir flüchten und verabscheuen, ist durch Schicksalsmacht mit uns verbunden. Und wie die ganze Skala der Wertschätzungen erst durch Schicksal entsteht, das uns mit der Umwelt verbindet, so auch die unendliche Zahl der Farbtöne und Nuancen, in die uns alles getaucht scheint, was auch immer uns zum Erlebnis wird." Der Mensch und sein Schicksal ist immer in eins zusammen verwoben und der Lebensweg jedes Menschen daher genau so individuell eigenartig wie das Individuum.

Für jeden Menschen wird die Außenwelt an seinem Lebensende zu einem Traum, aus dem er zu neuem Leben erwacht, und zurück bleibt dann nur das, was er aus diesem Traum herausgeholt und zu Ewigkeitskleinodien umgearbeitet hat.

Dies ist ein Umwandlungsprozeß, der in allen Menschen unaufhörlich vor sich geht, aber für die meisten Menschen unbewußt ist. Diesen Prozeß müssen wir aus dem Unbewußten ins Bewußtsein heben, uns also bewußt machen. Nur in dieser Weise können wir uns zu wirklichen Baumeistern und Schöpfern des Lebens erheben. Wir müssen die eigene, gemäß den Gesetzen des eigenen Wesens und Schicksals gebaute innere Welt, die unvermeidlich auch für jede Menschenseele und in jedem Ausschnitt des Lebens die einzige wirkliche Welt ist und bleibt, an die Stelle der Außenwelt setzen. Im Vergleich mit dieser muß, wie oben gesagt, die äußere Welt wie ein Traumbild verblassen. Dies ist, was das Märchen uns allen bei seinem Eintritt ins Leben lehren sollte und was wir später im Leben, getäuscht von der uns von unseren Sinnen vermittelten Welt, fast immer vergessen. Und doch gibt es keinen Menschen, der nicht in seiner eigenen seelischen Welt lebt, mag er Geschäftsmann, Mediziner, Professor, Politiker, Staatsmann, Büromensch oder Arbeiter sein. Die Frage ist nur, haben diese ihre innere Welt zielbewußt, gemäß ihrem besten Wissen und Können, selbst aufgebaut, oder ist sie ein Ergebnis des regellosen Spiels der Zufälligkeiten und der stoffgebundenen Unselbständigkeit. Alle leben wir in unserer, von uns selbst erbauten inneren Welt, ohne in den meisten Fällen einzusehen und zu begreifen, daß wir doch von der Natur und dem Urheber des Weltalls zum Schöpfer dieser Welt gemacht worden sind. Alle sind wir zu dieser inneren Welt gewiesen und können derem kategorischen Imperativ nicht entfliehen. Der Beschaffenheit dieser unserer Schöpfung entspringt deswegen alles, was wir Glück und Unglück nennen. Wurzeln z. B. nicht alle unsere Krankheiten in einer falschen Lebensansicht, die falsche, krankheitserzeugende Lebensgewohnheiten zur Folge hat?

So ist es mit allem, was Menschenleid ist. Das Leid ist uns nicht von Gott gegeben. Wir selbst sind die Ursache aller unserer Leiden. Uns allen ist von dem Urheber des Lebens die Macht gegeben, unser Leben selbst umzudichten, umzubauen und so zu gestalten, daß wir in vollkommener seelischer und körperlicher Gesundheit und Harmonie leben können. Ist nicht diese Macht genau die gleiche, die auch im Märchen verkörpert ist? Uns ist gegeben, unser Leben so vollkommen und so schön zu machen, wie das schönste Märchen, das wir uns vorstellen können.

Diese Wahrheit war für mich das größte Geschenk meiner sechs ersten Kindheitsjahre, ein Geschenk, das ich später in meinem Leben als Grundlage für die Bewegung gebraucht habe, die meinen Namen trägt — zum Glück für Tausende und Abertausende, die, jeder in seiner Weise, mit Hilfe dieser Ideen ihr Leben umgewandelt und zu ihrem eigenen Lebensmärchen gemacht haben.

III] Die Eiche liegt in der Eichel verborgen – der Mensch im Embryo!

Leben heißt: sich selbst vollenden,
heißet ewig neu gestalten,
Leben heißt: mit starken Händen
Göttliches in sich entfalten.

ERICH LIMPACH

DAS WERDEN EINES MENSCHEN ist das wunderbarste Märchen, das man erzählen kann.

Wir wissen jetzt, daß wir alle aus einer mikroskopisch kleinen Zelle im Mutterleib entspringen. Wenn diese mikroskopische Mutterzelle sich mit der noch kleineren Vaterzelle vereinigt hat, beginnt sofort ein Entwicklungsprozeß, den wir heute in allen seinen verschiedenen Phasen verfolgen können. Schon einige Sekunden, nachdem sie befruchtet ist, teilt sich die Mutterzelle in zwei Zellen, jede von diesen wieder in zwei, und so läuft die Entwicklung weiter in einer arithmetischen Progression. Aus zwei Zellen werden vier, aus vier acht, aus acht sechzehn, dann 32, 64, 128, 256 ... und so fort bis zu Millionen und Billionen Zellen. Man berechnet, daß ein erwachsener Mensch aus etwa 30 Billionen solcher Zellen besteht. Das ist eine Zahl, so ungeheuer groß, daß wir mindestens tausend Jahre leben müßten, um diese Zellen zu zählen, auch wenn wir tausend Zellen in jeder Sekunde zählen könnten. Von diesen Zellen sind einige Arten, beispielsweise unsere Leberzellen, so klein, daß man nicht weniger als zehntausend in einem ausgehöhlten Sandkorn verstecken könnte — und doch sind alle diese Zellen Lebewesen! Könnten wir sie tausend- und millionenmal vergrößern, so würden wir in jeder von ihnen wieder eine ganze organisierte Welt voll von Elementareinheiten finden, die verschiedene Aufgaben haben, mit einem Zentralkern als Träger des seelischen Lebens. Aber diese Elementareinheiten würden sich in einer noch tausend- und millionenmal stärkeren Vergrößung wieder fast wie eine Milchstraße zeigen, voll von Sonnen (Protonen) und um diese kreisenden Planeten (Elektronen) usw. Sowohl im Makrokosmos — der Welt des Großen — als auch im Mikrokosmos — der Welt des Kleinen — ist unser Universum unendlich.

Aber laßt uns wieder zur Entwicklung des Menschenembroys zurückkehren. Während die Zellen sich in dieser Weise vermehren, differenzieren sie sich und bauen gesetzmäßig die verschiedenen Organe des werdenden Menschenkörpers auf — mit einer Genauigkeit und Präzision, für die wir im Menschenleben kein gleichartiges Gegenstück finden können.

Welche Kräfte, Mächte und Intelligenzen sind hier am Werk? — Wir wissen es nicht. Es ist eines der großen Mysterien des Lebens.

In der Arbeit, die diese Mächte im Mutterleib verrichten, können wir die ganze Entwicklung des Lebens von dessen Anfang aus der kleinen Zelle im Meer bis zum erwachsenen Menschen Schritt für Schritt verfolgen. Weil unser Leben im Meer seinen Anfang genommen hat, muß die Mutterzelle auch wieder im Wasser beginnen und dort ihre erste Entwicklung durchlaufen. Deswegen hat die Natur für die Entwicklung dieses Embryos im Mutterleib einen kleinen See geschaffen, in dessen Mitte der Embryo wie eine Insel schwimmt. Durch einen zu dieser Insel führenden Kanal bekommt er Nahrung und Sauerstoff aus der Blutzirkulation der Mutter. Diese im Mutterleib in einem wasserdichten Sack eingeschlossene Flüssigkeit bildet also für sich einen Teil des großen Weltmeeres, in dem der Embryo nicht weniger als 270 Tage oder 6480 Stunden zubringen muß, um dann, gleich wie die Amphibien in ihrer Entwicklung, vom „Meer" im Mutterleib auf dem trockenen Boden und im Luftmeer ein neues Dasein zu beginnen.

Studieren wir die verschiedenen Stadien, die der Menschenembryo in seinem kleinen See durchlaufen muß, so finden wir, daß er alle die Stadien in einer zusammengedrängten, wir können sagen, „teleskopierten" Weise wiederholt, die das ganze Leben auf der Erde bis zum Menschen durchgemacht hat. Alle die unverkennbaren Merkmale dieser Entwicklung sind in der embryonalen Entwicklung der Mutterzelle bis zum Augenblick des Geborenwerdens da.

So entwickelt der Embryo in den ersten Wochen seiner Existenz alle jene Organe, die ein Fisch nötig hat, weil das Fischstadium die erste Sprosse der aufstrebenden Leiter des Lebens war. Wir finden deswegen am Menschenembryo in diesem Stadium vollentwickelte Kiemen, eine Schwimmblase und auch das einräumige sowie später das zweiräumige Herz der ersten Fische.

Die Biologie gibt uns unzählige Beispiele, die zeigen, wie die Natur, von den Fischen ausgehend, zunächst Amphibien und schließlich Lebewesen hervorbrachte, die auf dem Lande leben können und Sauerstoff aus der Luft mittels Lungen zu sich nehmen, anstatt, wie früher, sich mittels der Kiemen mit Sauerstoff aus dem Wasser zu versorgen. Diese Verwandlung verläuft im Menschenembryo in derselben Weise wie bei den Amphibien, indem die Kiemen zurückgebildet werden und die Schwimmblase sich in Lungen verwandelt.

Diese Verwandlung in der Natur zu beobachten, war das

erste große biologische Wunder meines Lebens. Ich war sieben Jahre alt, als ich eines schönen Frühlingsmorgens in einem Teich in unserem Garten kleine eigentümliche Wesen umherschwimmen sah, die nur ungefähr zwei oder drei Millimeter lang waren. Sie hatten einen großen Kopf mit hervorstehenden, federähnlichen Kiemen auf jeder Seite; der Körper war schmal, mit langem, flossenähnlichem Schwanz. Sie schwammen so lustig und lebensfroh umher, daß ich einen großen Glastopf holte und Hunderte von ihnen zusammen mit grünen Gewächsen aus dem Teich hineintat. Ich zeigte diese kleinen Tiere meinem Vater. Er sagte, daß es Kaulquappen wären, die sich nach einiger Zeit in Frösche verwandeln würden. Das entzündete meine Neugier! Jeden Tag studierte ich meine Kaulquappen und war sehr gespannt, dieses Verwandlungswunder zu erleben. Und ganz richtig! Nach einigen Wochen waren die federähnlichen Kiemen schon halbwegs zurückgebildet. Die Kaulquappen kamen an die Oberfläche des Wassers und saugten mit offenen Mäulern Luft ein. Mein Vater erklärte, daß dies ein Zeichen wäre, daß ihre Schwimmblase sich jetzt allmählich zu Lungen entwickle und daß nach dem vollständigen Verschwinden der Kiemen ein luftatmender großer Frosch sich aus diesem kleinen Lebewesen entwickeln würde. Und wirklich, nach einigen Wochen schwammen Hunderte von kleinen Fröschen mit Händen, Armen, Füßen und Beinen lebenslustig umher und demonstrierten ihre vollendete Schwimmkunst, die ich sehr bewunderte.

Meine Tage waren jetzt von morgens bis abends erfüllt mit Arbeit, um Fliegen und andere Insekten zu fangen, damit mir die große Froschfamilie nicht verhungerte. Den Glastopf mußte ich gegen ein großes Aquarium austauschen, das mein Vater mir kaufte. Zu meinem Erstaunen und meiner großen Freude fand ich, daß meine Frösche auch singen konnten. Am Abend, wenn es dunkel wurde, stimmten sie ihren Froschgesang an: Qua — qua — qua! Aber die Stimmen wurden stärker und stärker und schließlich so laut, daß niemand im Haus mehr schlafen konnte. Da mußte ich zu meinem Kummer die ganze Gesellschaft in den Teich freilassen. Aber ich bekam von meinem Vater dafür Goldfische und andere kleine Lebewesen in mein Aquarium.

Was mich später besonders interessierte, war, in meinen biologischen Büchern den Umwandlungsprozeß des Embryo weiter zu studieren. Ich bewunderte besonders die kluge, sparsame Weise, in welcher die Natur immer das benutzte, was von der Struktur der früheren Organe als Baumaterial für den Aufbau der neuen nützlich sein konnte. Zwei Kiemenöffnungen werden für diesen Zweck aufbewahrt und als ein Verbindungsrohr zwischen Ohr und Nasenhöhle, die Eustachische Röhre, im Menschenkörper benutzt. Aus einem Kiemenbein entwickelt sich später unser Zungenbein — und so können wir noch manche Umbildung feststellen.

In den nächsten Embryostadien vom Fisch aufwärts finden wir viele gemeinsame Züge mit den Amphibien. In einigen Amphibien hatte sich in der Mitte des Schädels ein drittes Auge entwickelt, das sich dann wieder zurückbildete. Das diesem Auge zugrunde liegende Zellen- und Nervengebäude existiert noch heute im Gehirn jedes Kindes, das, wie wir wissen, mit einer Öffnung in der Schädeldecke, der Fontanelle, geboren wird. Dieses Gebäude nennt man Glandus Pinealis, weil es dem Zapfen einer Pinie ähnlich ist. — Der Glandus Pinealis dient jetzt einer großen, neuen Aufgabe.

Wr haben also in unserer körperlichen Konstitution Fischahnen, Amphibienahnen, und sind überhaupt durch unsere embryonale Entwicklung mit allem, was lebt, verbunden.

Die Biologie nennt die Lehre von der Entwicklung eines Individuums, eines Tieres, eines Menschen, einer Pflanze *die Ontologie* — von griechisch Ontos = Wesen — und die Lehre des Entwicklungsstammes aller Lebewesen *Phylogenie* — von griechisch Phylos = Stamm. Man hat als grundlegenden Satz der Biologie festgelegt, daß die Ontologie eines Lebewesens — d. h. seine individuelle Entwicklung — eine teleskopierte Verkürzung der ganzen Phylogenie ist. In der embryonalen Entwicklung jedes Lebewesens spiegelt sich also die ganze Entwicklung des Lebens wieder.

Ist alles dies nicht wundervoll? Das Leben so als große Ganzheit zu sehen und eine Verwandtschaft zu fühlen mit allem, was lebt! Bäume, Blumen, Vögel: Nachtigallen, Schwalben, Tauben, Adler; Elche, Bären, Löwen, Pferde, Rehe, Eichhörnchen sind mit uns verwandt, gleichwie die große Eiche, die schönen Tannen und Pinien und Zypressen, und alles, was im Meer schwimmt, auf der Erde blüht und sich bewegt und sich in die Luft schwingt. Und in allen diesen lebenden Wesen liegt die Liebe verborgen. Wir können diese Liebe in dem Blick unserer treuesten Freunde, unserer Hunde, lesen und sie auch in den wildesten Tieren hervorrufen. Gerade heute habe ich eine ergreifende Geschichte gelesen von einem verwundeten Elch in den schwedischen Wäldern, den ein gutherziger Schwede zu sich nahm, heilte und pflegte. Dieser Elch wurde so von Liebe zu den Menschen erfüllt, daß er nicht mehr in seine Wälder zurückgehen wollte, sondern überall, wo Menschen waren, sie aufsuchte, auf den Straßen der kleinen Stadt herumspazierte und sich auf den Boden legte, damit auch die kleinen Kinder ihn streicheln konnten. Sie können diese Geschichte in der Aprilnummer von „Das Beste", 1953, Seite 41, lesen. — Aber auch die furchtbarsten Schlangen können von besonders mit Herzensgüte begabten Menschen auf solche Weise zu Menschenfreunden — zahm wie Lämmer — verwandelt werden.

*

Aber laßt uns wieder zurück zu der Entwicklung des Menschenembryos gehen! Als Vorstadium der Geburt muß also das kommende menschliche Lebewesen neun Monate — das heißt, wenigstens ein Hundertstel seines irdischen Lebens — in einer eigenartigen Welt, ja, wirklich in einem Teil des ursprünglichen Weltmeeres zubringen, ohne eine Ahnung davon zu haben, daß dieses wässerige Leben ein Vorstadium ist zu einem kommenden, ganz anderen Dasein in dem Luftmeer auf der trockenen Erdrinde. „Hätte der Embryo Selbstbewußtsein und wüßte er im voraus, was bei der Geburt mit ihm geschehen würde, müßte er diesen Vorgang zweifellos für seine absolute Vernichtung halten" — schreibt *Dr. Herbert Fritsche* in seinem Vorwort zu dem ausgezeichneten Büchlein „Das Rätsel des Menschen" von *Dr. Carl du Prel* (Hermann Glock Verlag, Wiesbaden).

Und hat er nicht recht? Läßt sich überhaupt eine größere Umwälzung im Dasein eines Lebewesens denken, als die bei der Geburt eines Menschenembryos? Erstens muß er das Schwimmen in seinem kleinen Meer im Mutterleib aufgeben und erleben, daß die ihn umschließenden Hüllen zerreißen und sein Lebenselement, das Fruchtwasser, abfließt. Zweitens wird die Nabelschnur, die ihn so bequem ernährt hat, abgetrennt, und er in dieser Weise aller seiner bisherigen Lebensmöglichkeiten beraubt. Drittens muß er den erstickenden Sturz durch würgende Enge aus dem Wasser in das Luftmeer tun. Könnte man ihm dies alles erzählen, müßte er dann nicht unfehlbar auf den Gedanken kommen, daß damit sein Leben vernichtet würde? „Ja", sagt Dr. Fritsche, „stünde der Embryo auf dem Boden der Tatsachen, kein Zweifel, ein Überleben der Geburt müßte für ihn indiskutabel sein. Aber er weiß nicht, daß in ihm andere Organe für ein Leben in dieser anderen Welt bereits vorsorglich angelegt sind, wie z. B. Lungen, um Luft zu atmen, die Augen, um den Kosmos der Farben und Formen zu schauen, und weiter verschiedene Organe, um sich auf dem trockenen Boden der Erde zu bewegen. — Aber mehr noch: diese anscheinend hoffnungslose Vernichtung, der Geburtsakt, ist in Wahrheit der Weg ins eigentliche Leben."

Dies ist also der Eintritt jedes menschlichen Wesens in die Welt, für die uns unbekannte, bauende und ordnende Kräfte,

Mächte und Intelligenzen mit den für das Leben auf der Erde geeigneten Organen versehen haben.

Als eine grundlegende Tatsache können wir den Satz festhalten:

Wir sind das Produkt einer organisierenden Kraft!

Aber was nun! Mit unserer Geburt verlangt diese organisierende Kraft, daß wir nicht mehr passiv wie in dem früheren Stadium sein dürfen, sondern vom ersten Augenblick des neuen Lebens an mit dieser organisierenden Kraft aktiv zusammenarbeiten müssen. Sie verlangt, daß wir ihr helfen müssen, unsere neue Welt aufzubauen. Dies beginnt in folgender Weise:

Das Kind hat keine Vorstellung von Entfernung und Weite und muß sie sich erst erwerben. Es ist genau in derselben Lage wie ein Blindgeborener, der operiert wird, und plötzlich sehen kann. Was er sieht, ist nur eine Fläche von Licht und Schatten und verschiedenen Farben. Aber was dies alles bedeutet, weiß er nicht. Der Blindgeborene, der sehend wird, muß dagegen ganz wie ein neugeborenes Kind die Bedeutung dieser Farben und Lichtflecken enträtseln. Dies geschieht, was das Kind betrifft, in folgender Weise: Es sieht die Welt nur als eine Fläche ohne Tiefe und kann auf dieser Fläche keine Gegenstände oder Sachen oder Eigenschaften der Dinge unterscheiden. Alles ist nur ein unterscheidungsloses Wahrnehmen von Licht, Schatten und Farbflecken. In der Mitte von diesem allen sieht es etwas sich bewegen, mit dem es sich in Verbindung stehen fühlt. Das ist seine Hand. Dies ist für das Kind ein großes Wunder. Mit der Hand greift es rechts und links in den Wirrwarr von Licht, Schatten und Farben und findet, daß es einiges mit Hilfe der Hand erreichen kann, anderes wiederum nicht. In derselben Weise muß auch der operierte Blindgeborene sich mit Hilfe seiner Hand und des Tastens alles in diesem großen flachen Gemälde allmählich mit seinen Erfahrungen von seinem früheren blinden Tasten kombinieren. Der Unterschied zwischen dem Blindgeborenen und dem Kinde ist hauptsächlich der, daß der Blindgeborene schon eine Welt des Tastens in sich fertig hat und sich deswegen viel schneller orientieren kann. Das Kind muß aber mit Tasten beginnen und diese Tasterfahrungen mit dem Sehen verbinden. Auf solche Art lernt es, was Abstand bedeutet und was Gegenstände sind. Sein erstes kleines Weltbild bekommt das, was wir Tiefe nennen. In dieser Weise verwandelt sich die plane Fläche mit zwei Dimensionen durch die Bewegungen der Hand zu einem Raum mit drei Dimensionen.

Dies ist die erste Erfahrung, die das Kind macht, und die es fasziniert. Indem es mit seinen kleinen Händen alles auf dieser farben -und formenreichen Fläche zu ergreifen sucht, bekommt es dadurch einen ersten Begriff von Formen und Dingen.

Ist es nicht bezeichnend, daß wir für alle diese Dinge in der deutschen Sprache ein gemeinsames Wort, „Gegenstände" haben? Dinge sind also sprachlich alles, was unserem Tasten, d. h. den Bewegungen unserer Hände „Gegen-Stand" gibt.

Der erste Gegenstand, den jedes Kind sorgfältig vermittels seines Tastens untersucht, ist das Gesicht seiner Mutter. Ist es nicht wundervoll, zu beobachten, wie die Hände eines neugeborenen Kindes über das Gesicht seiner Mutter fahren und alles untersuchen? Es greift an die Nase und steckt seine Fingerchen in den Mund der Mutter. Am meisten interessieren es aber die leuchtenden, beweglichen Augen. Es steckt tatsächlich einen Finger gerade hinein. Dann zieht es mit seinen starken Händen in dem Haar der Mutter und jauchzt dabei vor Vergnügen. In dieser Weise lernt das Kind seine Mutter kennen, und zugleich bekommt es einen Begriff davon, was ein Menschengesicht ist. So geht das Studium des Neugeborenen immer weiter und weiter, geleitet und stimuliert von einem ungeheuren Entdeckungsdrang. — — —

Es ist Nacht und dunkel! Aber in der Mitte der Nacht erwacht das Kind mit Hungergefühl und ist eben bereit, zu schreien. Da sieht es etwas Wundervolles: Eine große leuchtende Scheibe, die es natürlich sofort greifen will. Diese leuchtende Scheibe möchte es gern haben. Aber nein, es geht nicht. Es tastet vergeblich in der Luft. Es ist der Mond, der durch das Fenster leuchtet. — Nach manchem Jahr lernt das Kind in der Schule, daß diese leuchtende Scheibe eine ungeheuer große Kugel ist, Hunderttausende von Kilometern von der Erde entfernt. Aber all solches Wissen muß es sich selbst aneignen, und mit Hilfe dieses Wissens baut es unaufhörlich sein Weltbild auf.

Eine gewaltig große Arbeit liegt also vor jedem Kinde. Um es zu dieser Arbeit zu verlocken, hat die Natur jedes Kind *wissensdurstig* gemacht. Man sagt ja, ein Kind kann tausend Fragen stellen, von denen ein Weiser nicht eine einzige beantworten kann. Jedes Kind ist unermüdlich im Fragen.

Aber es muß sich auch durch seine Muskelarbeit in der Erdenwelt orientieren. Das verlangt große Energie und ist wieder mit einer Riesenarbeit verknüpft. Dafür hat die Natur jedoch wieder jeden kindlichen Körper mit einem Übermaß von Energie geladen — ja, einem solchen Übermaß, daß kein Kind fünf Minuten stillsitzen kann. Und um ihm diese Riesenarbeit zu erleichtern, hat sie die Natur in ein Spiel verwandelt. Beobachten Sie nur z. B. ein Kind mit einem Ball, den es unaufhörlich hundertmal gegen die Wand wirft und auffängt. Das ist ein Spiel, das jedes Kind in einem bestimmten Alter fasziniert. Aber was bedeutet nicht dieses Spiel für die Entwicklung der Hände, Arme und Beine, für die Bewegungen des ganzen Körpers, die durch das Ballspiel in Verbindung mit dem Auge und dem Gefühl für Abstand kombiniert und entwickelt werden. Und wie wichtig ist nicht Gefühl für Abstand und unterbewußte Abstandsberechnung für das ganze zukünftige Leben! Denken Sie nur daran, wie notwendig wir es brauchen, ob wir nun eine verkehrsreiche Straße überqueren müssen oder uns in den verschiedensten Berufen betätigen. Alle diese lebenswichtigen Fertigkeiten entwickelt die Mutter Natur in uns fast mühelos durch die Kinderspiele. Wenn man in diesem Zusammenhang die Kinderspiele studiert, kann man schrittweise den Methoden der großen Lehrmeisterin Natur folgen und ihre unbegreifliche Weisheit in allen ihren pädagogischen Maßnahmen bewundern.

Aber welche Schlüsse können wir daraus ziehen? Ganz bestimmt doch den, daß das Leben eine Schule ist. Wir sind hierhergekommen, um zu lernen und Erfahrungen zu machen. Durch Lernen sollen wir neue Fertigkeiten und seelische Eigenschaften entwickeln, die sicher nicht nur für unser Leben auf der Erde von Bedeutung sein werden, sondern, wenn wir sie im größeren kosmischen Zusammenhang überdenken, auf kommende Leben in kommenden Seinsebenen hinweisen — ganz wie die Augen, Ohren, Hände, Arme und Beine des Embryos im Mutterleib auf ein zukünftiges Leben in einem anderen Milieu deuten. Aber könnten wir den Embryo darauf aufmerksam machen, würde er uns sicher sofort antworten: „Aber *hier* habe ich doch keine Verwendung für Augen und Ohren, Hände, Arme und Beine, weil mein ganzes Leben doch nur in bequemem Liegen in Dunkel besteht, und ich alles Nötige ohne weiteres bekomme!“

Genauso können wir aber in unserem Erdenleben fragen: Wie lohnt es sich überhaupt, alle diese Fertigkeiten und Eigenschaften sich anzueignen, wenn man schließlich doch sterben muß und damit alles Lernen nutzlos und vergeblich wäre? Aber wie, wenn das Sterben wieder nichts anderes ist als — was man sehr leicht zeigen kann — ein Austausch von Seinsebenen und ein Hinübergleiten durch das Absterben des Körpers in ein anderes Milieu, für welches sich gerade alle die mühsam erworbenen Fertigkeiten und seelischen Eigenschaften von größter Bedeutung erweisen werden?

Je mehr ich die Biologie und die seelische Entwicklung des Menschen studiert habe, desto mehr bin ich zu dem Schluß gekommen, daß es zwei Entwicklungsreihen gibt: Einerseits *die individuelle* eines Menschen auf der Erde, und andererseits *eine größere kosmische Entwicklungsreihe*, in der, wie in einer Kette, die individuelle Entwicklung nur ein Glied darstellt. *In jeder individuellen Entwicklungsphase sind die großen Züge der nächsten Phase schon gegeben.* Man kann deshalb in einer solchen Phase schon die kommenden Züge der nächsten Phase wahrnehmen, genauso, wie man in einem menschlichen Embryo die Grundlegung und Entwicklung der Organe für das kommende Leben auf der Erde studieren kann.

In folgenden Kapiteln werden wir uns mit diesen großen Problemen eingehend beschäftigen und eine Reihe von Tatsachen bringen, die diese Visionen bestätigen.

So werden hier in unserem Erdenleben viele seelische Eigenschaften wie Samen in unsere Seele gelegt, für deren Entwicklung das Leben ganz unzureichend ist. Nehmen wir z. B. das Suchen nach Wahrheit, das aus unserer kindlichen Neugier entspringt und schließlich in den Wissenschaften eine so großartige Entwicklung bekommt, daß die meisten davon besessenen Wissenschaftler alles andere im Leben als bedeutungslos betrachten und ohne weiteres opfern, um ihren gewaltigen und unwiderstehlichen Wissensdrang zu sättigen. Aber wir wissen doch, daß dieser Wissensdrang immer unersättlich bleiben muß, weil keine Menschenseele jemals die Rätsel des Lebens und die Geheimnisse des Weltalls erschöpfen könnte. Von diesem unersättlichen Wissensdrang ständig getrieben, werden wir immer unterwegs sein, ohne das Endziel jemals erreichen zu können. Aber in diesem Wissensdrang, der sich in vielen Menschen zu einer wahren Passion steigert, liegt ein kosmischer Fingerzeig, der uns sagt, daß diese große Sehnsucht nach der Wahrheit in den hervorragendsten Menschen unserer Zeit nicht entzündet worden wäre, wenn nicht jene Mächte in den weiteren Leben von Seinsebene zu Seinsebene allmählich mehr und mehr für seine Sättigung sorgen würden. Aber so ist es nicht nur mit unserem Wissensdrang — der in Wahrheit nichts anderes ist als eine Fortsetzung des Tastens eines Neugeborenen im Gesicht seiner Mutter. Was ist ein Naturwissenschaftler anderes als ein „erwachsenes" Kind, das nicht mehr mit seinen Fingern, sondern mit physikalischen und chemischen Apparaten, mit Mikroskopen und Teleskopen das große Muttergesicht unserer Erde und des Weltalls abtastet?

In der Natur, so wie wir sie wissenschaftlich sehen müssen, gibt es nichts, was gut oder schlecht ist, und auch nichts, was schön oder häßlich ist. Was wir gut und böse, schön und häßlich nennen, sind nur menschliche Wertschätzungen, oder wie Shakespeare sagt: „Es gibt nichts Gutes und Böses, nur unser Denken macht es dazu." Damit ist jedoch das Vermögen der Wertschätzung von gut und böse, schön und häßlich keineswegs geklärt. Woher stammt es? Es ist wieder wie das Wahrheitssuchen unserer Wissenschaftler nichts anderes als ein Samen, der in unsere Seele gelegt ist und nach einer Entwicklung und Erfüllung drängt, die weit über die Grenzen des Erdenlebens hinausgeht. Es ist deshalb mit der Liebe zum Guten und Schönen ganz wie mit der Liebe zum Wahren, sie sind uns auch nur kosmische Fingerzeige, die auf eine weitere Entwicklung nach dem Erdenleben hindeuten.

*

Schon als Kind habe ich mich über die Entstehung der Liebe zur Musik im Menschen gewundert. Als Erwachsener hat mich dieses Wunder noch tiefer beeindruckt. Unzählige Male habe ich in Stockholms schönem und großem Konzerthaussaal — einem der schönsten der Welt — Konzerten beigewohnt. 2200 Menschen, die der Saal faßt, sitzen dann zwei oder drei Stunden absolut still — ohne zu rauchen, trinken oder zu essen — und haben alles in ihrem Leben vergessen, um ganz konzentriert einem der Orchesterwerke unserer großen Meister zu lauschen. Die Liebe zur Musik, dieser erhabenen Kunst, die von einigen primitiven Melodien auf primitiven Instrumenten gespielt, ihren Anfang genommen hat, hat sich durch Jahrtausende in gleicher Weise wie der Wissensdrang und die Liebe zum Guten und Schönen in uns zu einer der großen Passionen im Menschenleben entwickelt. Aber auch diese Passion deutet auf eine endlose Weiterentwicklung, die unvermeidlich ein Weiterleben nach dem Tode verlangt.

In dieser Weise werden immer neue Entwicklungssamen in unsere Seele niedergelegt, die auf kommende Leben deuten und nur dort eine weitere Entwicklung finden können. Also gleichzeitig mit allen Erfahrungen, die wir in unserem Erdenleben machen können und müssen, um dieses Leben zu leben, tragen wir in der Tiefe unserer Seele wie einen Keim im Mutterschoß die Struktur und Organe als Anlage, die für unsere nächsten Lebensebenen wahrscheinlich notwendig sind.

Eine solche Entwicklung ist keineswegs nur eine Schöpfung der menschlichen Phantasie. Es ist leicht zu zeigen, daß sie tief in der Struktur des Lebens selbst gegründet ist. Die irdisch-biologischen Perspektiven geben uns viele Beispiele, die diesen Verwandlungsprozeß in seinen verschiedenen Phasen zeigen.

Nehmen wir nur die Entwicklung von der Raupe zum Falter! Es gibt wohl keine zwei Lebewesen in der Natur, die einander so ungleich sind, wie einerseits die grüne Raupe mit ihren unzähligen fußbegabten körperlichen Segmenten, die uns an die Falten einer Ziehharmonika erinnern — und andererseits das in Farben und Formen so wundervoll gebaute, ätherische Geschöpf eines Falters, zu dem sich die Raupe schließlich verwandelt.

Um diese Verwandlung zu vollführen, muß die Raupe

sich in eine sargförmige Puppenhülle legen und — merken Sie wohl — in diesem Sarg den Verwesungsprozeß über sich ergehen lassen, der die Gewebe auflöst und alle Organe der Wurmgestalt zu einem gestaltlos-gleichförmigen Brei verwandelt. Ausgenommen werden nur einige winzige Keimpunkte in diesem Brei, von denen ausgehend die Umgestaltung einsetzt. Und so geschieht das große Wunder, daß eines Tages der Sarg sich von selbst öffnet und ein Falter — ein leichtes, wunderschönes, farbiges, beschwingtes Äthergeschöpf — sich in die Weite des Luftmeers emporschwingt.

Mit den Keimpunkten, von denen aus sich der künftige Falter entwickelt, können wir unseren Wahrheitsdrang und die Liebe zum Guten und Schönen und zur Musik im Erdenleben vergleichen.

Also hat die Natur in ihrer Weisheit es so eingerichtet, daß sich das Erdenleben jedes Menschen immer gleichzeitig auf zwei Linien entwickeln kann. Im Vergleich unseres Erdenlebens mit dem Leben auf künftigen Seinsebenen können wir sagen, daß wir hier das Raupenstadium unseres kommenden Falterlebens durchmachen und dabei wie in einem Mutterschoß die Struktur und die Anlage unserer künftigen Organe für das neue höhere Leben in uns herumtragen, ohne uns dessen bewußt zu werden.

*

Ich kann in diesen Betrachtungen nicht weitergehen, ohne ein Ereignis zu erzählen, das mich tief beeindruckt hat. Einer meiner besten und treuesten Freunde in Schweden, der Schriftsteller *Dan Åberg*, erzählte mir einmal, daß er als Junge einen Bruder hatte, der immer schwächlich war und an einer unheilbaren Krankheit litt. Mit seinen sieben Jahren war er aber seelisch schon weit entwickelt und erlebte in seiner zarten und empfindsamen Seele augenscheinlich vieles, was seinen gesünderen Geschwistern verborgen blieb. Er sprach nicht viel, aber seine wundervollen Augen und der

Ausdruck seines Gesichts sagte um so mehr. Die Geschwister verehrten ihn sehr als ein Geschöpf, das ihnen in seiner Entwicklung überlegen war und ihnen viel geben konnte. Aber durch die Krankheit mußte sein Leben frühzeitig zu Ende gehen. Mein Freund saß oft an seinem Bett und hielt seine Hand.

„Eines Tages", erzählte er, „als wir so zusammen waren, schlief er ein, erwachte aber nach einer Viertelstunde plötzlich, setzte sich auf und sah sich mit großen Augen um. ‚O Dan', sagte er, ‚du müßtest das hören, welch eine wunderschöne Musik! Kannst du es nicht hören, wie wunderschön es tönt?' — Sein ganzes Gesicht war wie verklärt, seine Augen groß und von unbeschreiblichem Glück erfüllt. Dann fiel er auf das Kissen zurück und war in einigen Augenblicken tot." — — —

Wie viele solche Beispiele gibt es nicht! Aber ein einziges Erleben dieser Art war genug, um einen Menschen wie meinen Freund Dan Åberg für immer von den kurzsichtigen materialistischen Anschauungen loszureißen und um eine neue Lebensanschauung von der zeit- und raumlosen Existenz der Menschenseele in ihm zu wecken.

*

Es ist etwas Zauberhaftes mit der Musik. Ich war zwanzig Jahre alt und ein sehr hinfälliger Mensch, der jeden Tag mit Krankheiten und Unpäßlichkeiten kämpfen mußte, als ich einmal in der großen Aula unserer Universität die Aufführung einer Palestrinamesse hörte. Ich wurde von dieser Musik so ergriffen, daß ich mich tagelang danach wie in einem wunderschönen Traum bewegte, fern von allem, was erdgebunden und alltäglich war. Siebenundfünfzig Jahre sind seitdem vergangen, aber noch bin ich im Banne dieser Musik. Ich habe alle erreichbaren Schallplatten von Palestrinas Werken gekauft, und ich brauche nur eine davon zu spielen, um wieder weit entfernt vom Alltag in andere Welten versetzt zu werden. Diese Musik ist und bleibt der höchste Ausdruck, den es für geistige Erlebnisse und Wahrheiten geben kann.

Einmal sagte mir ein Freund, daß er als Philosoph sich vergebens einen Begriff von der Allmacht, die diese Welt geschaffen habe, zu bilden versuche. Ich wußte, daß er musikalisch war, und spielte ihm eine Schallplatte von Palestrinas wundervollem „Te adoremus" vor. Er saß lange danach sehr ergriffen und tief in Gedanken versunken. Dann sagte er: „Nun verstehe ich. Man kann sich niemals einen Begriff von dieser Allmacht bilden. Das ist etwas, was man nur durch die höchste und schönste Musik erleben kann. Bitte, spielen Sie dies noch einmal." — Dann stand er mit strahlenden Augen auf und drückte meine Hand. „Sie haben mich wirklich den einzigen Weg zu einem echten Verständnis dieser Allmacht finden lassen."

Einmal beschrieb mir ein anderer Freund sein Musikerlebnis so: „Wenn ich in völliger Konzentration einer der großen Brahms-Sinfonien lauschen kann, vergesse ich immer alles, was hinter mir liegt. Nachher ist es mir, als ob mein Leben einen neuen Anfang gefunden und eine neue Bedeutung bekommen hätte. Musik ist für mich eine Lebenserneuerung, ohne die ich nicht leben kann und für die ich eine tiefe, unaussprechliche Dankbarkeit empfinde. Sie reinigt und läutert wie nichts anderes im Leben. Ja, sie ist die große geistige Sprache, die mir den Sinn des Lebens erklärt, und eine unerschütterliche Gewißheit um die Unzerstörbarkeit aller unserer höchsten seelischen Werte — einschließlich der Menschenseele selbst — gibt." — — —

Gemäß allen Mitteilungen von wirklichem Wert, die wir von den anderen Welten bekommen haben, ist auch gerade in diesen Welten die Musik das Mittel, durch welches man die schönsten und größten Wahrheiten fassen kann.

Unsere musikalischen Erlebnisse hier auf der Erde sind deswegen nur ein Anfang — der Beginn einer Entwicklung von Erlebnissen, die keine Grenze und kein Ende kennen.

In jeder Menschenseele wohnt als unerläßlicher Teil ein tiefes Sehnen nach Wahrheit, Güte, Schönheit und Liebe. Wir können sagen, daß die Musik dies alles in sich zusammenfaßt und zum Ausdruck bringen kann. In den großen Sinfonien und besonders in Palestrinas Messen erleben wir alle diese ersehnten Eigenschaften zu einer großen harmonischen Einheit verschmolzen.

Dr. Wyneken beginnt sein Buch „Weltanschauung" mit diesem Satz: „Am Anfang aller Weltanschauung steht der Wunsch; die erste Weltanschauung war ein Wunschgebilde... Die Sehnsucht nach Geborgenheit, nach Gerechtigkeit, nach Ewigkeit fand in diesen Wunschgebilden ihren Ausdruck." Er gibt zu, daß wir dieses Wunschgebilde nicht aus der Welt ablesen können, sondern es uns gedanklich erschaffen müssen. Aber wie es kommt, daß ein Lebewesen überhaupt solche Wünsche haben kann, erklärt er nicht. Alle Tiere sind augenscheinlich mit ihrer irdischen Existenz vollkommen zufrieden. Um überhaupt Wünsche haben zu können, die weit über die Grenzen des irdischen Lebens hinausgehen, müssen wir auch außerirdische Quellen voraussetzen, von denen sie stammen, oder, wie Wyneken selbst sagt, „von denen sie nur durch eine zur Welt hinzukommende zusätzliche Offenbarung entstehen können." Aber verhält es sich nicht genauso mit der jeder Menschenseele innewohnenden Sehnsucht nach Wahrheit, Güte, Gerechtigkeit, Liebe und Lebensharmonie? Und doch ist offensichtlich diese Sehnsucht nicht zu uns gekommen durch eine uns gegebene zusätzliche Offenbarung, sondern sie ist in unsere Seele von Anfang an ebenso niedergelegt gewesen wie alle anderen seelischen Eigenschaften, Kräfte und Fertigkeiten, welche wir Gefühle, Gedanken, Fantasie, Intuition, Wille, Schaffenskraft, Mut, Glaube, Wissensdrang und Visionen nennen. Alle diese Eigenschaften sind zu uns gekommen nicht durch eine Vertiefung in die uns gegebene Welt, und können keineswegs erklärt werden durch irgendeine Selbstenthüllung dieser Welt, sondern bilden zusammen ein außerirdisches Gut, das wir auf diese Erde mitgebracht haben als unerläßlichen Bestandteil unseres eigenen Wesens oder Wesenskerns. Mit anderen Worten, sie sind nichts anderes als Bestandteile jedes menschlichen Wesens, in gleicher Weise, wie dieses Wesen selbst ein Urbestandteil und unerklärbares Urphänomen des Weltalls ist und für immer bleibt. Nur, wenn wir sie als ein solches außerirdisches Gut betrachten, können wir eine Erklärung finden, warum die Menschen die großen religiösen Harmonien lieben. In diesen erleben sie ein Vorgefühl von der zukünftigen Erfüllung ihres tiefsten seelischen Sehnens.

Ist es nicht auch so, daß der Begriff „Harmonie" selbst die Erfüllung dieses Sehnens als eine gegebene Voraussetzung für die Verwirklichung dieser unserer höchsten Visionen von einem vollendeten geistigen Leben in sich birgt? Und nicht nur in der „Harmonie", in allen unseren höchsten Visionen liegt gleichzeitig ihre zukünftige Erfüllung verborgen — in gleicher Weise wie die vollentwickelte Eiche in der Eichel.

*

Je mehr ich über dies alles gedacht und im Licht dieser Gedanken das Leben studiert habe, je mehr bin ich zu dem Schluß gekommen, daß das Weltall *eine fortschreitende geistige Schöpfung ist,* eine Entwicklung der großen geistigen Eigenschaften und Visionen. Es ist nur sehr schwer für uns, seine Ziele und Absichten zu erkennen. Aber das liegt ja auch in der Natur der Sache selbst.

Ich werde in dem Folgenden ein Beispiel aus meinem eigenen Leben wiedergeben, das ich niemals vergessen werde.

*

Kinder lieben, wie wir wissen, zu zeichnen. Sie können ihre kindlichen Gedanken weit früher in Zeichnungen ausdrücken als mit dem gesprochenen oder geschriebenen Wort. Aus diesem Grunde wurde auch in meiner Kindheit das

Zeichnen meine Lieblingsbeschäftigung. Mit fünf Jahren wurde ich in eine Kinderschule geschickt. Dort gab man mir eine Schiefertafel, auf deren Rand eine Reihe von Figuren aufgemalt waren, und nun bekam ich die Aufgabe, sie nachzuzeichnen. Das tat ich auch für einige Minuten. Es wurde mir aber bald zu langweilig, weil ich keinen Sinn darin finden konnte. So füllte ich die Tafel mit meinen besten Zeichnungen, in der Hoffnung, daß meine Lehrerin sie nicht nur gutheißen, sondern mich dafür sogar loben würde. Doch anstatt Lob erntete ich nur eine, wenn auch lächelnde Zurechtweisung. Ich fühlte mich sehr beleidigt und erklärte, daß diese Figuren, die man mir zum Nachzeichnen gegeben hatte, ganz sinnlos wären. Da versuchte meine Lehrerin, mir zu erklären, daß es Buchstaben wären und daß sie eine große Bedeutung für mein zukünftiges Leben hätten. Aber alle ihre Anstrengungen, mich zu überzeugen, waren umsonst.

Nun, warum waren sie umsonst? — Weil es mir selbstverständlich in diesem Alter nicht möglich war, die Erklärungen über den Sinn des Lesens und Schreibens zu erfassen. Das war etwas, was ich durch mein eigenes Erleben und meine eigene Erfahrung selbst herausfinden mußte.

Diese für mich damals so unsinnigen Zeichen wurden später zu den wundervollsten Schlüsseln, die mein ganzes Leben hindurch mir die Türen zu unglaublichen sprachlichen und literarischen Reichtümern öffnen sollten. Mit ihrer Hilfe habe ich ein Dutzend verschiedener Sprachen studiert und bin jetzt in der glücklichen Lage, in sechs verschiedenen Sprachen mit oder ohne Hilfe des Manuskripts sprachlich tadellose Vorträge zu halten. Aber noch mehr! Diese kleinen Zeichen führten mich in die Geschichte hinein und brachten mich mit anderen Menschen aus längst verflossenen Zeiten zusammen, mit großen Denkern, Philosophen und religiösen Charakteren, die ich niemals vergessen kann, und die für mich so lebensvoll sind, daß ich sie besser zu kennen glaube, als die meisten Menschen, mit denen ich täglich in Berührung komme. Und was haben nicht alle diese Seelen und Charaktere mich über den Ursprung und die unerschöpflichen geistigen Quellen dieses Weltalls gelehrt! Es ist mir nämlich unmöglich zu denken, daß ein Weltall, das solche Seelen und Charaktere entstehen läßt, nicht auch die unfaßbarsten seelischen Schätze und Tiefen in sich bergen muß.

Auch in den großen Tiefen des Ozeans gibt es lebende Wesen, die keine Ahnung haben von dem Leben an der Oberfläche und auf der Erdrinde. Wenn man sie an die Oberfläche holt, platzen sie sofort, weil sie für den ungeheuren Druck des Wassers in den großen Meerestiefen eingerichtet sind.

Um in diesem Bilde zu bleiben, können wir sagen, daß auch wir jetzt an dem tiefen Boden einer Seinsebene unser Dasein haben, wo wir unter dem Druck der mit unserem Körper verbundenen Materie leben und uns deswegen nicht bewußt zu den höheren geistigen Welten erheben können. Um das zu tun, müssen wir dafür entwickelte Organe haben. Ohne solche können wir nicht in diesen Welten leben und ihre Schönheit und Größe erfassen. Aber was wir doch hier schon von diesen Welten ahnen können, das haben wir nicht zum wenigsten diesen kleinen Zeichen, die wir Buchstaben und Musikzeichen, Noten, nennen, zu verdanken. Sie haben uns besser als die Flügel eines Adlers über das Alltagsleben auf der Erde erhoben und Ahnungen und Vorgefühle gegeben, die in uns eine innere Gewißheit von der Existenz höherer Welten geschaffen haben.

Das Lesen- und Schreibenlernen und unser erstes mangelndes Verständnis dafür gibt uns ein gutes Beispiel für unser ungenügendes Verstehen der meisten Ereignisse im Leben, die uns zunächst sinnlos erscheinen, danach aber durch unsere Erlebnisse ihren tiefen Sinn offenbaren. Deswegen kann ich niemals meine erste Unterrichtsstunde im Schreiben vergessen.

Wenn ich später im Laufe meines Lebens durch eigenartige

Umstände gezwungen war, etwas zu tun oder zu lernen, das mir nicht gefiel, habe ich mich immer an diesen meinen ersten Versuch, „sinnlose Figuren“ zu zeichnen, erinnert und gedacht: vielleicht ist dies ganz wie meine erste Schulerfahrung. Sicher kommt früher oder später etwas, das mir den Sinn enthüllt, ganz ähnlich, wie es mir mit dem Buchstabenmalen ergangen ist. Und so ist es auch gekommen. Ich kann mich jetzt nicht eines einzigen Erlebens erinnern, für das ich später nicht dankbar gewesen wäre.

*

Das Leben ist für uns alle eine große Schule. Wir bekommen jeden Tag gewisse Aufgaben, die wir lösen müssen, auch wenn wir deren Ziel noch nicht sehen und verstehen können. Später aber zeigen sie sich sehr oft als Glieder in einer Kette von Ereignissen, die uns zu unerwarteten neuen Aussichten führen und gleichzeitig eine innere Umwandlung vollbringen, die das Erlebte zu seelischen Kleinodien verwandeln kann.

Fragen wir also, welches Ziel und welchen Sinn diese Lebensschule hat, kann es uns niemand erklären, weil diese ebenso verborgen liegen, wie eine voll entwickelte Eiche in der Eichel. Und genau so, wie die Eichel Wasser, Luft und Sonne nötig hat, um das, was in ihrem Schoße liegt, zur Entfaltung zu bringen, so fordert dieses Ziel und dieser Sinn Erlebnisse, um erfaßt zu werden.

„Je mehr ich über das Leben gedacht habe“, schreibt *Goethe*, „je mehr bin ich zu dem Schluß gekommen, daß das Leben da ist, um erlebt zu werden.“

Das große Thema in Dr. Gustav Wynekens ausgezeichnetem Werk „Weltanschauung“ ist genau dasselbe, nämlich, daß das Leben grundsätzlich Erlebnis ist. „Ohne Erleben ist Leben nicht Leben“, sagt er.

Also können wir niemals eine bequeme erschöpfende Antwort auf unsere großen Fragen und Probleme finden. Sie können nur durch Leben selbst beantwortet werden, das heißt durch unsere eigenen Erlebnisse und Erfahrungen. Ja, das eigenartige ist, daß man mit dem bloßen Fragen, was denn Erleben und Erfahrung sei, nicht weiter kommt als Goethe und seine Studienkameraden. Als sie nämlich einmal einen geliebten Lehrer baten, ihnen doch zu erklären, was Erfahrung sei, dachte er lange nach, augenscheinlich vergebens, um sie dann mit einer ausweichenden Antwort abzuspeisen, die sie keineswegs befriedigte. Da sie ihn weiter bedrängten, fand er schließlich einen Ausweg aus dem Dilemma durch folgende köstliche Antwort: „Nun habe ich es! Erfahrung ist, daß man eben so recht eigentlich erfahren hat, was Erfahrung ist."

So unsinnig diese Erklärung scheint, so richtig ist sie im Grunde.

Das Leben ist Erleben! —
Das Leben ist Erfahrung! —
Das Leben ist unsere große Schule!

Aber warum wir die große Schule des Lebens mit allen ihren Erfahrungen absolvieren müssen, erfahren wir erst durch den Ablauf des Lebens selbst. Der Schluß des Lebens klärt das große Ziel der Erlebnisse und Erfahrungen, genau so, wie wir auf dieser Erde das Ziel unseres ersten Versuches, Buchstaben zu schreiben und Schriftzeichen zu lesen, nur durch das spätere Schreiben und Lesen selbst verstehen können. So entpuppt sich der Sinn von allem Leben nur durch das Erleben selbst.

Aber das ist es auch, was unser Leben so interessant macht! Und wenn wir einmal die große Schule unseres Erdenlebens absolviert und unsere irdische Raupenexistenz beendet haben, können wir uns wie der Falter auf den Flügeln unseres Wissens in das Äthermeer des kommenden Seins emporschwingen. Dann werden wir den Überblick, der uns den

Sinn unseres Erdenlebens erklärt, wie etwas Selbstverständliches bekommen, und diese Schau ist dann nichts anderes als unser durch Erlebnis und Erfahrung erworbenes Wissen. Das Endziel dieses Wissens ist Weisheit. Aber Weisheit ist etwas, was man niemals ohne Erlebnis und Erfahrung erwerben kann. In dieser Weise kommen wir immer zurück zu dem, was wir früher gesagt haben. Man kann nicht das, was wir hier auf Erden Zeit nennen, überspringen. Da Zeit aber in sich selbst endlos ist, muß auch unser Suchen nach dem Sinn des Weltalls unendlich sein. Gleichzeitig mit diesem Suchen vollzieht sich die innere Verwandlung und Vollendung unseres Wesens, die das wirkliche Ziel unseres Lebens ist, und uns das einzige Mittel gibt, den Geheimnissen des Welträtsels näher zu kommen. Ohne immer nach Weisheit zu dürsten, können wir diese innere Verwandlung nicht vollziehen und die Vollendung erreichen.

Niemand hat alles dies in einer schöneren Weise erklärt als Patience Worth in ihren, von anderen Welten zu uns gekommenen philosophischen Auslegungen:

„Die Weisheit ist das Brot des Lebens für die, die ihrer bedürfen und danach hungern. Die Ewigkeit ist immer gleichzeitig hungernd und wird immer gleichzeitig ernährt."

Laß uns deswegen immer nach der Weisheit hungern, dann werden wir auch immer gleichzeitig mit Weisheit ernährt. Vergessen Sie doch nicht: Die Ewigkeit ist nicht etwas Kommendes, weit vor uns Liegendes. Die Ewigkeit ist nichts anderes als unser Jetzt, unsere Gegenwart. Auch diesem hat Patience Worth in folgender Weise Ausdruck gegeben:

„Heute ist gestern
und morgen ist heute.
Das ganze Leben ist
allzeit in dem Brennpunkt
des Jetzt gesammelt.
In unserem Jetzt erleben wir die Ewigkeit!"

IV] Die große grundlegende Polarität zwischen Materie und Geist

Die Außenwelt als ein Spiegelbild unserer Innenwelt

Weil die Materie nie ohne Geist, der Geist nie ohne Materie existieren und wirksam sein kann, so vermag auch die Materie sich nur durch den Geist zu steigern. GOETHE

Die Welt ist ein aus uns heraus verlegter Bewußtseinszustand. WYNEKEN

Es IST EIN ABEND im Juni an der italienischen Riviera. Die Sonne sinkt langsam gegen die Bergkette im Westen. Hundert Meter unter meinen Füßen breitet sich das blaue Mittelmeer aus. Ein leichter Abendwind kräuselt die Oberfläche des endlosen Wasserspiegels, ehe die Stille der Nacht sich darüber senkt. Die letzten Sonnenstrahlen spielen noch auf den Bergkämmen, während sich in den Tälern schon die Schatten bereithalten, um alles einzuhüllen.

Jetzt ist die Sonne verschwunden. Sie bietet dieser gesegneten Gegend aber noch ein wundervolles Lebewohl mit einem phantastischen Farbenspiel, das die atmosphärischen Staubwolken auffangen und in Purpurrot verwandeln. Der ganze Horizont im Westen ist bis hinauf zum Zenit in Flammen gesetzt — ein wundervolles Schauspiel, das bald übergeht in Hellrot, Lila, Apfelgrün und Lichtblau, bis letzten Endes das Blauviolett dominiert. Schließlich wird alles in Dunkel gehüllt.

Wie oft habe ich dieses unbeschreibliche Schauspiel erlebt und doch scheint es mir jedesmal neu und noch ergreifender zu werden.

Wenn die Farben im Dämmer der Nacht verblaßt sind, kommt ein neues Wunder. Die Sterne springen aus der unendlichen Tiefe des Himmels, als ob sie Eile hätten, sich uns zu zeigen. Nirgendwo leuchten sie in solcher Klarheit wie hier. Der Mond vollendet mit seinem schimmernden Licht den Zauber der Nacht. In den nördlichen Ländern ist nur er es, der seinen schmalen Silbersteg über die Wasserfläche baut. Hier dagegen bedient er sich einer breiten goldbelegten Königsstraße und ladet die hellsten Sterne ein, im Wetteifer mit ihm ihre eigenen Goldbrücken zu bauen.

Die Nacht ist warm, 26 Grad — genau die Temperatur, bei welcher ein Mensch keine Kleider mehr nötig hat. Die Luft ist mit aromatischen Düften erfüllt, die wir nördlich der Alpen nicht kennen. Sie umhüllt, umschmeichelt den Körper wie ein Hauch von göttlichem, lebenserneuerndem Balsam. Jetzt ist der Himmel tiefblau. Weit entfernt am Horizont zündet ein einsamer Dampfer seine Laternen an.

Die Nacht ist unglaublich schön. Aber am schönsten ist doch der Sternenhimmel! Um ihn besser sehen zu können, lege ich mich auf den Rasen nieder. Das Gras ist so weich, warm und schön. Zu denken, daß alle diese leuchtenden Punkte da oben Sonnen sind, mit Ausnahme der wenigen Planeten, die um unsere Sonne kreisen! Und daß unsere Mutter Erde uns leise mit einer schwindelnden Schnelligkeit immer weiter und weiter durch neue Sternhaufen führt!

Alles dies, dachte ich, muß doch zusammen einen einzigen großen beseelten Organismus bilden, in dem jeder Teil seine besondere Aufgabe zu erfüllen hat — in göttlicher Weisheit so planvoll angelegt, daß jede Fuge sich harmonisch an die andere anschließt, so daß das Weltall eine einzige lebende organische Ganzheit bildet ...

Mitten in diesen Gedanken, Träumen und Visionen wurde ich von unten mit einem: „Hallo, sind Sie da?" gestört. Es war mein Freund, der Materialist, der nach Alassio gekommen war, um mit mir seine Lebensprobleme zu diskutieren.

„Ist die Nacht nicht wunderschön!" sagte ich. „Sehen Sie nur die Sterne, die sich im Meer spiegeln und goldene Brükken im Wetteifer mit dem Mond bauen! Haben Sie jemals in Ihrer Heimat ein solches Aroma in der Luft verspürt? Ist es nicht unglaublich schön, alles dies zu erleben?"

Im gleichen Moment klang die klare Stimme eines nach Hause kehrenden Italieners von unten herauf. Er sang mein Lieblingslied „O sole mio", mit einer klaren, hohen Tenorstimme. Dem „Sole mio" folgte nichts weniger als die bekannte Arie aus Bajazzo.

„Ja", sagte mein Freund, „gewiß ist es schön! Aber Sie wissen ja doch, daß dies alles nur eine große Illusion ist! Was ist wohl unser Leben anderes als ein Gewebe von Illusionen? Die Wissenschaft hat uns endgültig und unwiderleglich gezeigt, daß alles, was wir bewundern und was Sie so begeistert macht, *nicht existiert!* Die Natur ist an sich stumm und immer in Dunkel gehüllt. Da leuchten keine Sterne. Weder Sonne noch Mond können das Universum erhellen. Sie wissen ja, daß Licht und Töne nur Vibrationen im Äthermeer und Luftmeer sind, die erst durch die Nervenbahnen unseres Gehirns in Licht- und Tonerscheinungen verwandelt werden. Außerhalb unseres Körpers mit seinen Sinnen gibt es also nicht anderes als die ewigen Bewegungen der Atome und ihrer Protonen und Elektronen, und eine Menge von unsichtbaren Strahlungen, die sich außerhalb unseres Körpers niemals in Töne, Licht und Farben verwandeln können. Das ist der nackte, nüchterne Tatbestand der Wissenschaft! Und vor diesem Tatbestand müssen wir als wahrheitssuchende Menschen uns eben beugen, und einsehen, daß die Illusion der Naturwunder zwar schön, aber doch nur ein Wahn ist!"

„Ja", sagte ich leise, „ich erkenne auch alles an, was Sie sagen, und beuge mich vor den wissenschaftlichen Tatasachen. Ich weiß, daß außerhalb unseres menschlichen Seins die Natur immer stumm und dunkel ist und daß es dort kein

Farbenspiel gibt, wie wir es an diesem Abend bewundert haben. Aber wir können in unseren Gedanken noch weiter gehen. In dieser chemisch-physikalischen Welt, die Sie eben beschrieben haben, gibt es zudem weder Kälte noch Wärme, weder Nacht noch Tag, weder schön noch häßlich, weder gut noch böse, weder Streben noch Ziel, weder Gedanke noch Sinn, weder Liebe noch Haß, weder Hoffnung noch Verzweiflung! Das wissenschaftliche Weltall ist nur ein ungeheurer, toter Mechanismus, der unter dem Griff des eisernen Kausalitätsgesetzes in einer ewigen Nacht ohne Sinn und Ziel dahinstürzt.

Das ist alles, was die Wissenschaft uns bietet. Wenn wir unser Leben mit seinen Sinneseindrücken und Erlebnissen vergessen, können wir wohl durch die Gedankentüre in das wissenschaftliche Laboratorium mit seinen blinden chemischen Elementen und Reaktionen, physikalischen Kräften und Gesetzen treten. Damit sind dann auch sogleich alle menschlichen Werte verschwunden, und das Menschenleben, so wie wir es *erleben*, ist zu einem irrsinnigen Traum, einem sinnlosen Wahngebilde reduziert worden.

Doch hier kommt ein großes ‚Aber!' Und dieses Aber verbietet uns, solche wissenschaftlichen Ansichten als grundlegend für die Erklärung nicht nur des Menschenlebens, sondern des Weltalls selbst anzunehmen. Erstens kann man von diesem leblosen, stummen und dunklen Weltall mit all seinen chemischen und physikalischen Gesetzen, Atomen und Molekülen, keine Brücke zum Menschenleben herüber schlagen! Wenn wir fragen — und wir müssen auf diese wissenschaftliche Erklärung hin so fragen — wie es kommt, daß wir Licht empfinden und Töne hören können, daß wir Gefühle haben, Kälte und Wärme, Freude und Schmerz, Lust und Unlust, Hoffnung und Verzweiflung, Sympathie und Antipathie erleben können, daß wir zielbewußt arbeiten, Aufgaben und Ideale aufstellen, Hindernisse überwinden und unser ganzes Leben für eine Idee aufs Spiel setzen können

— dann stehen unsere Chemiker und Physiker vollkommen ratlos da! Haben Sie z. B. jemals darüber nachgedacht, was es für ein Wunder ist, daß wir *Schmerzen* empfinden können? In Ihrem Weltall gibt es keine Schmerzen! Ein Atom kann unmöglich Schmerzen empfinden, das rein Physikalische unmöglich eine Idee hervorbringen. Ihr Weltall ist das toteste von allem, was tot ist.

Zweitens: Was ist Ihr Weltall eigentlich mehr als ein Hirngespinst? — Sie dürfen nicht vergessen, daß wir Menschen selbst es waren, die dieses Hirngespinst in unseren Gedanken erzeugt und zusammengesetzt haben. Ein Atom — das müssen Sie zugeben — kann weder fühlen noch denken! Ihr Weltall existiert also überhaupt nicht außerhalb unseres menschlichen Denkens, sondern ist nur ein Gedankengeschöpf, das in untrennbarer Weise mit unserem seelischen Leben verbunden ist — ein Gedankengespenst, das sicher einen gewissen Wahrheitsinhalt hat, trotzdem aber nie etwas anderes sein kann, als eine isolierte, aus einem größeren organischen Zusammenhang herausgebrochene Teilanschauung über unseren Kosmos. In ihrer Isoliertheit ist sie zu einem verrückten, sinnlosen Hirngespinst reduziert worden.

Ich betone noch einmal, daß auch ich den gewissen Wahrheitsgehalt dieser Teilanschauung über unseren Kosmos respektiere, aber *nur als eine Teilanschauung, die ihre Erklärung erst bekommt, wenn wir sie im Licht eines größeren Zusammenhangs betrachten.* Vergessen Sie nicht, daß auch wir Menschen zu diesem Zusammenhang gehören, mit allen unseren menschlichen Eigentümlichkeiten, mit allen unseren Empfindungsmöglichkeiten und seelischen Qualitäten, die — das müssen Sie anerkennen — es doch erst möglich gemacht haben, eine Wissenschaft aufzubauen und immer neue Gedankengebilde von unserem Kosmos zu entwerfen.

Diese stumme, ewig dunkle, mechanisch-kausale, chemisch-physikalische Welt ist doch im Grunde nichts anderes als ein Produkt unseres eigenen seelischen Lebens. Wie kann man dieses Seelenleben zu einer Illusion herabwürdigen, ohne sich klar zu machen, *daß man damit auch dessen Produkt — die Wissenschaft — illusorisch macht? Was illusorisch ist, kann nie etwas anderes als Illusionen gebären.*

Aber ist unser Seelenleben wirklich eine Illusion, eine Utopie? — Nein, im Gegenteil, es ist sogar unsere einzige grundlegende Wirklichkeit! Wie könnten wir ohne es zu irgendeiner Erfahrung oder Erkenntnis gelangen! Wir dürfen diese Wirklichkeit des Seelenlebens als Grundlage für alle unsere Betrachtungen niemals verlassen, denn außerhalb dieser Wirklichkeit gibt es nichts für uns. Selbst der Kosmos, den wir erleben, ist und bleibt im letzten Grunde für uns nichts anderes als ein Teil unseres eigenen Seelenlebens."

„Was wir die ‚Außenwelt' nennen, ist nichts anderes als ein Bewußtseinsvorgang von uns, in seiner Art bedingt durch unsere Organisation — ein Erlebnis", sagt Dr. Wyneken in seiner „Weltanschauung", und fügt hinzu: *„Woher sollte diese Wahrnehmungswelt stammen, wenn nicht aus jenem unbekannten Quell ‚Ich'? Was könnte sie anders sein, als dieses Ich's Entfaltung, Selbstentfaltung? Und indem es diese ‚Welt' zur Kenntnis nimmt, ja, mit Begierde einsaugt, was lernt es anders kennen, als sich selbst?"*

In unseren Versuchen, den Kosmos zu verstehen, sind wir auf Atome, Protonen, Elektronen usw. gestoßen, die sicher wirklich sind. Aber damit ist nicht gesagt, daß sie die einzige Wirklichkeit darstellen. *Die Schwierigkeit, in die wir uns verwickelt haben, liegt nun darin, daß wir das Produkt unseres Gedankenlebens zu der e i n z i g e n Wirklichkeit erhoben haben und dann vergebens suchen, daraus wiederum unsere Seele als ein Produkt dieser Atome, Protonen und Elektronen zu erklären.* Dadurch sind wir in unserem Denken ins Stocken geraten und können nicht mehr den Weg zu uns selbst zurückfinden. Es ist also nicht der Idealist, der in einer illusorischen Welt lebt, sondern der Materialist, der seine einzige Wirklichkeit, nämlich seine Seele und sein Seelenleben, durch eine illusorische Welt zu ersetzen — und, letzten Endes zu vernichten sucht. Das aber kann man wohl als philosophischen Selbstmordversuch bezeichnen.

Das Kernproblem dieser großen Frage liegt also darin, daß alle Versuche, das Lebende aus dem Leblosen, das Seelische aus dem Seelenlosen zu erklären und es gedanklich in Beziehung zu einander zu setzen, bisher gescheitert sind. Oder, um das ganze Problem auf die Spitze zu setzen:

Man kann niemals erklären, wie sich physikalische Wellen des Luftmeeres in menschliches Hören verwandeln und wie sich solche des Äthermeeres in menschliches Sehen umsetzen können.

Um das Gesagte besser faßbar zu machen, wollen wir ein Beispiel aus der Radiotechnik nehmen. Ein Freund meinte einmal: „Wie merkwürdig mutet es mich an, daß jetzt so viele Radioprogramme von so vielen Sendern gleichzeitig in alle Richtungen ausgestrahlt werden und folglich auch durch unseren Körper laufen. Wir werden ja dadurch jeden Augenblick von hunderten verschiedener musikalischer Darbietungen durchklungen!"

„Entschuldigen Sie", sagte ich sofort, „aber das ist eine falsche Vorstellung! Wir werden niemals von musikalischen Darbietungen, also von Tönen durchdrungen, sondern nur von verschiedenen Ätherwellen, die keineswegs etwas anderes sind, als rein physikalische Wellen und die in unserem Körper nicht einen einzigen Ton hervorrufen können. Zu diesem Zweck müssen sie, wie Sie wissen, erst von einem Empfänger aufgenommen werden. Sie wissen auch, welche verwickelte Instrumente diese Empfänger sind. Und erst, wenn diese *Äther*-Wellen in *Luft*-Wellen verwandelt sind, können wir sie mit dem Ohr aufnehmen. Was von einem Radio-Empfänger zu unseren Ohren kommt, ist jedoch noch nicht Musik! Es sind wieder nur Wellen, die unser Trommelfell zum Vibrieren bringen. Vom Trommelfell werden die Vibrationen durch Nervenbahnen zu dem Hörzentrum in unserem Gehirn und von diesem telepathisch zu unserer Seele geleitet. *Erst dort* in unserer Seele werden sie aus den bisher rein physikalischen Wellen in das große seelische Wunder verwandelt, das uns als Hören bekannt und vertraut ist.

Aber nur dieses Endergebnis ist uns vertraut. Die Umwandlung selbst ist und bleibt ein großes Geheimnis! — Ein ebensolches Geheimnis wie die Verwandlung von kleinen schwarzen Zeichen auf einem Stückchen Papier in Vorstellungen und Gedanken!"

Im Nachsinnen über das Wunder des Hörens und Sehens wird mir klar: *Jedes menschliche Wesen lebt als Individuum in einer geschlossenen seelischen Welt und kommt nur durch die wunderbare Apparatur der seelischen Aufnahme- und Umwandlungsgeräte in Berührung mit den Geschehnissen in seinem Körper und seiner Außenwelt, deren Eindrücke in einer immer unerklärbaren Weise zu seelischen Qualitäten verwandelt werden. Daraus ergibt sich, daß das Primäre das Seelenleben ist und das Sekundäre die chemisch-physikalische Welt, zu der wir nur mit Hilfe unserer Erfahrungen, Gedanken und Vorstellungen, d. h. also nur mit Hilfe unserer eigenen Seele gekommen sind. Die farbenlose, stumme, ewig dunkle, chemisch-physikalische Welt mit ihren Geschehnissen ist also nur eine Phantomwelt, und die wirkliche Welt ist und bleibt für immer unsere seelische Welt, in der wir leben und aus der wir unser Weltbild gestalten.*

Diese Tatsache hat eine vollständige Umwälzung in die Lebensanschauung der Wissenschaftler, die sie anerkennen, gebracht. Niemand hat sie klarer ausgedrückt, als der große deutsche Physiologe *Bunge*, wenn er schreibt:

„Eine Untersuchung der Entstehung unserer eigenen Erlebnisse zeigt, daß diese kein Gemeinsames haben mit den Ereignissen in der physikalisch-chemischen Welt, sondern daß diese Außenwelt der Wissenschaft für uns immer ein Buch mit sieben Siegeln bleiben muß, und daß wir niemals etwas

Wirkliches erfahren können von den Eigenschaften und dem Wesen dieser äußeren Ereignisse. Das einzige, für uns unmittelbar Erfahrbare ist der Zustand und die Erlebnisse unseres eigenen Bewußtseins. Nur mit Hilfe von metaphysischen Spekulationen und Hypothesen können wir uns ein Urteil über die Ereignisse in der Außenwelt bilden.“

Einer unserer hervorragendsten schwedischen Denker und Schriftsteller, *Viktor Rydberg*, gibt in seinen philosophischen Werken demselben Gedanken die folgende volkstümliche Prägung:

„Laßt uns voraussetzen, daß wir mit einem Menschen zu tun haben, der niemals ein Klavier oder andere Musikinstrumente gesehen hat, jetzt aber von ferne Klavier- oder Orchestermusik hört, ohne Spieler oder Instrumente zu sehen. Die Töne, die ihm bewußt werden, wenn seine Hörorgane von den Luftwellen, die die Instrumente erzeugen, getroffen werden, haben nicht die geringste Gleichheit weder mit den Instrumenten, noch mit den unbekannten Spielern. So ist es auch mit allen unseren *Sinneswahrnehmungen*. Sie haben keine Ähnlichkeit mit den Dingen der Außenwelt, die sie verursachen, und wir können überhaupt von diesen Dingen einer äußeren Welt nichts wissen außer durch Experimente und Schlußfolgerungen.“

Ein anderer, weltbekannter Physiologe, *Max Verworn*, geht noch einen Schritt weiter in seiner Auffassung:

„Diese sinnesphysiologischen Tatsachen sind von einer weitgehenden Bedeutung. Sie zeigen, daß das, was sich für uns als eine körperliche Welt darstellt, in Wirklichkeit nichts anderes ist, als unsere eigenen seelischen Erlebnisse und Eindrücke — nichts anderes als unsere eigene Seele. Wenn ich etwas in der Außenwelt betrachte oder mit meinen Sinnen wahrnehme, so habe ich es in Wirklichkeit nicht mit einem Gegenstand außerhalb von mir, sondern nur mit einer Reihe von Erlebnissen in meiner eigenen Seele zu tun. Mehr weiß ich nicht. Alles andere ist Hypothese.“

Der große schwedische Soziologe, *Prof. Gustav Steffen*, schreibt in seiner „Soziologie“, Seite 27—30:

„Für den Astronomen, Physiker, Chemiker und Biologen, ebenso wie für den Psychologen und Soziologen muß es bei genauerem Nachdenken ganz klar werden, daß die Tatsachen, welche sie beobachten, vergleichen und ordnen, *in Wahrheit nichts anderes sind als seelische Tatsachen — in solche verwandelte Sinneswahrnehmungen, Vorstellungen, Begriffe, Gefühle und Willensäußerungen.* Alle die verschiedenen Wissenschaften sind also nichts anderes als ein sorgfältiges Zusammenbringen, Ordnen, Vergleichen und Klären von den verschiedenen Arten von rein individuellen Erlebnissen. *Außerhalb dieser Erlebnisse kommen wir niemals. Mit allem, was wir wahrnehmen und erleben können, erleben wir letzten Endes nur uns selbst.* Die Wissenschaft als die größtmöglichst klare, vollständige und geordnete Kenntnis ist, im Lichte dieser Tatsache betrachtet, *immer nur eine Kenntnis von uns selbst — eine Kenntnis von Zuständen und Zustandsveränderungen in uns selbst.*“

Diesen Ansichten schließt sich der große deutsche Physiker Helmholtz in seinen Werken an.

Kein deutscher Philosoph hat aber alle diese Fragen in einer gründlicheren und umfassenderen Weise behandelt, als Dr. Gustav Wyneken in den ersten 120 Seiten seines ausgezeichneten Werkes „Weltanschauung“. Ich rate allen, die tiefer in diese Probleme eindringen wollen, diese Seiten gründlich zu studieren.* Hier nur einige Auszüge:

„Diese meine wahrgenommene Welt ist nicht Abbild von einer Welt, die außerdem, außerhalb meiner, noch einmal vorhanden wäre, sondern sie ist, mit Haut und Haaren, nur meine eigene, in meiner Seele wahrgenommene Welt, nur eine in meinem Bewußtsein aufsteigende ‚Erscheinung‘. Die

* Ernst Reinhardt Verlag, München-Basel.

Welt, die ich in dieser Weise kenne, und eine andere gibt es für mich nicht, ist aufgebaut vom Mechanismus meines Bewußtseins."

„Es ist nicht jener gedachte Welt-Mechanismus, als den wir uns das ‚Draußen' vorstellen, das wir als Weltbild erleben: es ist unser Selbst, unser Ich, es ist das Leben selbst, das in rätselhafter Weise auf die Welt reagierend im bunten Spiel der Erscheinung erklingt."

Auf Seite 43 sammelt er seine Gedanken in dieser konzentrierten Form:

„Übrig bleibt also nur das erlebende Ich, das alles Erlebte aus sich herausspinnt, das, als einzig übrig bleibendes im Grunde nur sich selbst erleben kann."

*

Hier haben wir also einige Aussprüche von hervorragenden Wissenschaftlern und Denkern unserer Zeit, welche die gewöhnliche Auffassung von der Außenwelt als der einzig wirklichen und bestehenden völlig zunichte machen und dafür die Innenwelt als den Baumeister des realen Weltbildes anerkennen.

Die Weltanschauung meines materialistischen Freundes nennt man jetzt in der Philosophie *den naiven Realismus.* Dieser naive Realismus liegt jedem Menschen so nahe. Es ist schwer, sich etwas anderes vorzustellen, als daß die Außenwelt, die wir mit unseren Sinnen fassen, die einzig wirkliche ist, und daß wir selbst, die wir diese Außenwelt in unserer Seele tatsächlich aufbauen und erleben, nur ein Produkt davon sind. In dieser Weise haben wir aber die wirklichen Verhältnisse auf den Kopf gestellt. Ein ganzes Jahrhundert haben die Physiologen und Psychologen dieses große Problem so allseitig wie möglich untersucht, und sind doch schließlich alle zu den oben zitierten Schlüssen gekommen.

*

Ich habe in den früheren Ausführungen gezeigt, wie wir von Kindheit an unsere innere Welt aufbauen und erweitern. Gemäß unserem ersten Erlebnis ist die Welt nur eine farbenreiche Fläche. Durch Benutzung unserer verschiedenen Sinnes- und Bewegungsorgane verwandelt sich diese Fläche zu einem dreidimensionalen Raum, in dem sich für unsere Augen Dinge mit verschiedenen Eigenschaften absondern. Allmählich finden wir, daß diese Dinge sich auch bewegen können, daß sie ihre Eigenschaften verändern, z. B. einmal warm, ein andermal kalt sind, daß sie schwer oder leicht sind, also Gewicht haben, daß sie hart oder weich sind und uns, wie etwa Wasser und Eis, in verschiedener Weise beeinflussen, uns nützlich oder gefährlich sein können. In dieser Weise bauen wir Schritt für Schritt unsere eigene Welt auf. Wir kleiden diese Welt in ein Netz von Begriffen, die wir versuchen, so genau wie möglich unseren Erlebnissen anzupassen. So entsteht unsere Begriffswelt. Auf diesem Grund bauen die Physiologen, Psychologen und Philosophen immer weiter. Zurückgehend zum Ursprung unserer Begriffe und ersten Erfahrungen haben sie gefunden, daß z. B. die Begriffe für Raum und Zeit mit unserer seelischen Konstitution so verwoben sind, daß wir keine Erklärung ihrer Entstehung finden können. Wie die Menschenseele selbst ein Urphänomen ist und bleibt, so sind und bleiben Raum und Zeit Anschauungsformen, die mit der Seele in integrierender Weise als Urbegriffe verbunden sind. In der Wirklichkeit existiert keine Zeit und kein Raum, so wie wir diese zu betrachten gewohnt sind. Dagegen ist z. B. der Kausalitätsbegriff auf unseren Erfahrungen aufgebaut, so auch die drei, für unsere Lebensauffassung grundlegenden Begriffe: Eigenschaften — Ding — Bewegung.

*

Aber ich kehre wieder zurück zu den Erlebnissen dieser wunderschönen Nacht an der italienischen Riviera. Was ich da erlebte, war doch das wirkliche Leben, und was mein materialistischer Freund gegen diese Erlebnisse einzuwenden hatte, konnte diese Erlebnisse in keiner Weise erschüttern oder vermindern. Wir sind ja gezwungen, unser Leben genauso zu sehen, wie wir es erleben, und die Außenwelt ist nichts anderes als, wie Wyneken sagt, „ein aus uns heraus verlegter Bewußtseinszustand". Bis dahin sind wir jetzt mit unserem Philosophieren über das Leben gekommen! Man kann deshalb wohl kaum eine bessere Definition für Philosophie finden, als die von Dr. Wyneken, wenn er schreibt: „Auf jeden Fall besteht Philosophie immer darin, *etwas in Worte zu fassen, was ungeformt in uns schlummert!*"

Sicher haben in manchem Leser, gleichwie in mir selbst, viele von diesen Gedanken unbewußt geschlummert und werden jetzt beim Lesen dieser Ausführungen aus dem Unbewußten in das Bewußtsein gehoben. Man könnte deswegen das Philosophieren auch als ein Erwachen zu einer größeren Wahrheitsschau bezeichnen. Tatsächlich streben wir immer an, unser Bewußtsein in dieser Weise zu erweitern, was auch immer große Freude bereitet. Man fühlt sich befreit von den Fesseln alter Gedanken. Es ist, wie wenn man aus einem geschlossenen Raum, etwa einem Keller, plötzlich in das Freie tritt und die reine schöne Luft tief einatmet. Jedenfalls fühlte ich es so, als ich mich von dem traurigen Weltbild des Materialismus des vorigen Jahrhunderts endgültig befreit und gefunden hatte, daß das, was mir seit Kindheit am meisten am Herzen lag, keineswegs eine Illusion war, sondern sich sogar als die einzige Wirklichkeit erwies.

Und hier möchte ich sagen, welche Bedeutung dieses Erwachen für mein Leben gehabt hat:

Erstens hat es mich für immer von den Fesseln eines alle Lebenswerte vernichtenden Materialismus befreit.

Zweitens hat es mir eine unzerrüttbare, feste Zuversicht gegeben, daß der Kosmos ein großer, wohlgeordneter, grundsätzlich geistig-seelischer Organismus ist, in welchem alles in Verbindung miteinander steht und sich zu einem für uns noch verschleierten Ziel hin entwickelt.

Drittens bezeugen alle meine eigenen Erlebnisse und alles, was ich als das Größte und Schönste in meinem Leben gefunden habe, daß dieser Kosmos *auf einem geistigen Urgrund beruht* und daß alles, was in ihm geschieht, geistig geführt ist und eine geistige Entsprechung hat.

Hier kommen Goethes berühmte Worte zu ihrem Recht:

> *„Alles Vergängliche ist nur ein Gleichnis,*
> *das Unzulängliche, hier wird's Ereignis,*
> *das Unbeschreibliche, hier ist's getan,*
> *das Ewig-Weibliche zieht uns hinan."*

Aber was ist das Ewig-Weibliche wohl anderes, als ein Symbol für Liebe. Nur das, was wir mit vollem Herzen lieben, kann uns weiterführen.

Ohne Liebe kein Verständnis für die großen Gesetze und das Ziel unseres Kosmos.

Ausgehend von den Tatsachen der modernen Sinnesphysiologie bin ich zu dem Schluß gekommen, daß wir Menschen zu unserem Erdenleben durch unser Schicksal geführt worden sind — wenn wir Schicksal hier als das in unserem Lebenskern niedergelegte Entwicklungsgesetz mit seinem kategorischen Imperativ verstehen.

Je mehr man die Menschenseele von diesem Gesichtspunkt studiert, je mehr festigt sich die Ansicht, daß wir von anderen Seinsebenen zu dieser Erde gekommen sind, um hier genau diejenigen Erlebnisse zu finden, die für unsere Weiterentwicklung absolut notwendig sind.

Daß es so sein muß, geht schon aus dem Studium der menschlichen seelischen Konstitution hervor. Ich werde versuchen, es ausführlicher zu erklären:

Man hat ja in unserer Zeit so viel gesprochen von einem Besuch des Mondes und anderer Planeten in naher Zukunft. Diese Idee einer Mondfahrt hat mich sehr fasziniert, wenn auch in ganz anderer Hinsicht, als allgemein der Fall ist. Es müssen viele uns unbekannte Beziehungen zwischen den verschiedenen Sonnensystemen und Milchstraßen bestehen, da der Kosmos doch eine Ganzheit bilden muß. Bei der Frage, wie wir auf diese Erde gekommen sind, können wir eine Parallele ziehen zu den Versuchen, die Erde zu verlassen, und sagen, daß wahrscheinlich jede Menschenseele von anderen Seinsebenen auf die Erde mit Hilfe dieser Beziehungen gekommen ist, allerdings nicht in einer materiellen Kugel eingeschlossen, sondern in ihrer eigenen Lebenssphäre. Tatsächlich trägt jeder Mensch auf dieser Erde eine solche Lebenssphäre als seine eigene seelische Atmosphäre mit sich, von der Geburt an bis zu seinem „Hingehen“. Ich benutze hier bewußt das uralte altnordische Wort: *„Hädangång“*, denn unsere nordischen Vorfahren sprachen niemals von Sterben oder Tod, sondern nur von einem *Hingehen* zu anderen Seinsebenen. Für sie war die Seele unzerstörbar und ewig. Man konnte den Körper zerstören, aber niemals dabei die Seele beschädigen.

Wenn man jetzt die Entwicklung der Menschenseele auf der Erde so allseitig wie möglich studiert und untersucht, muß einem auffallen, wie viele, hoch entwickelte Eigenschaften diese Menschenseele hierher mitgebracht hat, für deren Zustandekommen und Entwicklung wir keine Erklärung in irdischen Verhältnissen finden können. Das gilt z. B. für die Anschauung von Zeit und Raum, die, wie oben gesagt, ein integrierender Teil der Seele ist. Wir müssen sie als schon in früheren Existenzformen entwickelt betrachten. Aber so ist es auch mit allen jenen menschlichen Wertschätzungen, für deren Entstehung wir keine Erklärung in einem, allen menschlichen Wertschätzungen entkleideten, physikalisch-chemischen Weltall finden können, wie z. B. schön und häßlich, gut und böse, Sympathie und Antipathie, Begeisterung für Ideen, Liebe zu Idealen, zur Musik und zur Kunst und vor allem den religiösen Anschauungen — um nicht zu sprechen von der Entstehung der Sprachen, der Begriffsbildung und den Gedankengesetzen.

Der Mensch hat sich, seit er denken konnte, immer als Gast auf dieser Erde betrachtet, der von anderen Welten hierher gekommen ist — und das muß wohl vollkommen richtig sein. Jede Menschenseele hat sicher eine lange Entwicklung unter anderen Verhältnissen hinter sich. Nur so können wir erklären, wieso die auf der Erde existierenden rein physikalischen und chemischen Verhältnisse und Strahlungen bei der Berührung mit dem Menschlich-Seelischen in geistige Qualitäten übergehen können, wie z. B. die Vibrationen im Äther- und Luftmeer, wenn sie sich in Sehen und Hören verwandeln.

Das wundervollste Organ von allen ist in dieser Beziehung doch das Menschenauge! Solange der Mensch lebt, spiegelt sich auf eine geheimnisvolle Weise seine Seele darin. Wieviel kann nicht durch das Auge zum Ausdruck gebracht werden!

Als erstmals rein physikalische Ätherwellen sich in Augenlicht verwandeln konnten, da geschah das größte Wunder der Welt. Auf dieses Wunder bezieht sich in Wirklichkeit das schöne Bibelwort: „Es werde Licht!“ Denn außerhalb des lebenden Auges ist die Natur immer in Dunkel gehüllt.

Durch das Auge hatte die Menschenseele das wundervollste Organ bekommen, um ihre geheimsten Gedanken und Gefühle zum Ausdruck zu bringen. Nichts in der Welt leuchtet so wie das Auge eines harmonischen und glücklichen Menschen, besonders wenn er von Liebe erfüllt ist — und andererseits ist nichts in der Welt so tot wie das Auge eines Verstorbenen. Man spricht ja auch von dem „gebrochenen Blick“.

In seinem Werk „Weltanschauung“ spricht Dr. Wyneken von dem Menschen dieser Erde als von etwas vollständig Neuem und Einmaligem. Er liebt es nicht, von Gott zu sprechen, hat jedoch Gott mit dem Wort „Kosmos“ ausgetauscht und sagt, „daß der Kosmos den Menschen gewollt hat". Für ihn ist eigentümlicherweise deshalb der Mensch der Gipfelpunkt der kosmischen Entwicklung. Aber da der Kosmos selbst Äonen Jahre alt ist, ja wahrscheinlich niemals einen Anfang gehabt hat, noch ein Ende nehmen wird, ist ein solcher Gedanke wohl zu kurzsichtig. Zu denken, daß der Kosmos erst in unseren Tagen zu dem Menschen als seinem Gipfelpunkt gekommen ist, ist gleichbedeutend mit einer Begrenzung der kosmischen Entwicklung auf die rein physikalischen und chemischen Verhältnisse, die ja nur die Grundlage unseres irdischen Seins bilden. Dr. Wyneken betrachtet augenscheinlich diese Verhältnisse als die ursprünglichen und sieht das Leben so an, als ob es sich von diesen Verhältnissen aufwärts gegen den Geist hin entwickelt habe, ohne zu bedenken, daß der Kosmos selbst eine geistige Grundlage haben muß. Aus dem Niedrigen kann sich niemals das Höhere gebären, ohne daß dieses Höhere schon vorher existiert hat. *Ehe das Auge sehen konnte, mußte das Licht schon dagewesen sein.*

Von Protonen, Elektronen, Atomen und Molekülen können wir niemals zum Geist kommen, ohne daß dieser Geist schon da war, und zwar als der Urheber der physikalisch-chemischen Struktur des Weltalls. Das Entstehen des Kosmos können wir überhaupt nicht anders begreifen, als den gewaltigen Ausdruck für ein grundsätzlich Geistiges, ein zusammenhängendes physikalisch-seelisch-geistiges, organisches Ganzes, in welchem sich eine stetig fortschreitende Entwicklung zu Zielen hin bewegt, die uns vorläufig noch unerkennbar sind, weil wir jetzt noch nicht die Organe haben, um alles zu fassen. Eine Ahnung von diesen Zielen kommt jedoch in den Tiefen unserer Seele zum Ausdruck, in der Stimme unseres Gewissens und in dem kategorischen Imperativ, der von uns immer Höchstleistungen fordert, in Güte, Liebe, Wahrheitssuchen, in der Gerechtigkeit und dem unaufhörlichen Streben nach Vollkommenheit.

Die schönsten Visionen von diesem Ziel hatten unsere

nordischen Vorfahren, als sie träumten, an der Seite der Götter und zusammen mit ihnen für die Weltentwicklung zu arbeiten. Sie sprachen niemals von der Seele in derselben Weise, wie wir dieses Wort benutzen, sondern hatten einen ganz anderen Begriff geschaffen:

In jedem Menschen wohnte als der unzerstörbare Kern seines Wesens *„Megin“* — ein Begriff, der dieselbe sprachliche Wurzel hat wie „Vermögen“ und „Macht“.

Megin war für sie *das Machtvolle, das alles Leistende,* von dem jeder Mensch seine Kraft und Inspiration bezog. Es konnte sich in verschiedener Art verkörpern. Jede Verkörperung war jedoch nur ein Ausdruck, eine Form, eine körperliche Verkleidung, die Megin z. Z. angenommen hatte. In Megin wohnte Schaffenskraft, Lebenswille und Lebensfreude — das Vermögen, die Verhältnisse der Welt umzuändern, zu bauen, menschliche Gesellschaft zu bilden, Sprachen zu erzeugen und alles neu zu gestalten. Megin war das Urmächtige, der unversiegbare Quell des Lebens, von dem alle die besten menschlichen Gedanken und Gefühle kamen. Wenn der Mensch sich von seinem Megin entfernte, ging es schief mit ihm. Wenn er sich eins mit ihm fühlte, war er unschlagbar. Der Mensch und sein Megin sollten immer eins sein.

Ist es nicht dieses Megin, das sich in allem manifestiert, was wir Menschen bisher geleistet haben?

Als der Mensch auf der Erde auftrat und die ersten Werkzeuge erfand, begann eine erstaunliche Entwicklung, die sein Lebensmilieu vollständig umgestaltet hat. Wir brauchen nur umherzuschauen, wie wir von Tausenden von Dingen, Häusern, Geräten, Maschinen, Fahrzeugen, Schiffen und Flugzeugen umgeben sind, von denen bei Beginn der Zivilisation nicht ein Nagel oder eine Schraube vorhanden war. Zuerst mußte das Material gefunden werden, dann zubereitet, und dann zu immer neuen Konstruktionen verarbeitet werden. Alles hat der Mensch ganz allein ohne jede Hilfe, ohne einen Rat oder eine Anweisung leisten müssen. Er war gezwungen, alles selbst auszudenken und zu schaffen und sich durch unzählige Fehler und Schwierigkeiten vorwärtszukämpfen.

Ist es nicht dasselbe Megin, das ihn noch heute immer vorwärts treibt? Jeder Arbeiter trägt in seinem Megin ein Ideal der Vollkommenheit. Nach Vollkommenheit streben wir alle. Von Vollkommenheit träumt innerlich jeder Mensch. Haben wir nicht alle unsere Geräte, Maschinen und eben alles, was wir benutzen, immer mehr zu vervollkommnen versucht? — Aber bei diesem unserem Streben haben wir doch das Allerwichtigste bis jetzt vergessen: *den vollkommenen Menschen und die vollkommene Menschheit zu schaffen!*

Dies ist die große Idee, deren Verwirklichung vor uns liegt. Wir können dieser Verwirklichung gar nicht mehr entgehen. Der kategorische Imperativ der Entwicklung hat uns alle dahin gebracht.

Als die erste Stufe zur Verwirklichung dieses Ideals müssen wir unbedingt *das Schaffen einer vollkommenen körperlichen Gesundheit ansehen.*

Mit dem gesunden Körper erwacht der Mensch gleichzeitig zu einem neuen seelischen Leben. Alle menschlichen Sinne werden geschärft und die Aufnahmefähigkeit wird erheblich gesteigert. Darüber hinaus erwachen aber in jedem Menschen, der die Waerland-Prinzipien strikt und erfolgreich durchgeführt hat, neue Sinne, die ihn in Verbindung bringen mit früher unbekannten geistigen Strömungen.

Als Leiter dieser Bewegung habe ich von Hunderten und Aberhunderten von Mitgliedern Briefe bekommen, die solche Erlebnisse als das Unerwartetste und Schönste in ihrem Leben schildern. Aber alles dies ist ja nur ein Fingerzeig für uns, der uns einerseits sagt, daß wir den richtigen Weg eingeschlagen haben und andererseits, daß wir auf diesem Weg ungeahnte Entwicklungsmöglichkeiten vor uns haben, die den Menschen immer mehr und mehr vergeistigen werden.

Ist es nicht die Entwicklung dieser geistigen Eigenschaften, wie Wahrheitsliebe, Treue, Güte, Opferwilligkeit, Selbstlosigkeit, Mut, Furchtlosigkeit, Selbstbeherrschung, Selbstvertrauen, Gerechtigkeit usw., die das Hauptziel unserer irdischen Existenz bildet?

Betrachten wir unsere irdisch-planetarischen Verhältnisse! Es gibt wohl kaum ein besseres Gebiet für das Erzeugen menschlicher Intelligenz und für die Entwicklung höherer Charaktereigenschaften als diese Verhältnisse. Und wie hat nicht der Mensch diese ursprünglichen Verhältnisse dann verändert, um weiterzukommen, indem er sich mit ihrer Hilfe ein *eigenes Kultur-Milieu* von Häusern, Städten, Industrien und Verkehrsmöglichkeiten aufgebaut hat. Ohne dieses Kultur-Milieu hätte die menschliche Intelligenz unmöglich die Stufe erreichen könnnen, auf der sie sich heute befindet. Und in welcher wundervollen Weise verbarg nicht die Erde in ihrem Innern all das nötige Material! Zuerst waren doch nur Steine und Sand, Humus, Pflanzen und Tiere da, aber nichts, um Häuser von Brettern und Ziegelsteinen zu bauen, keine Farben, um sie zu bemalen, keine Treibstoffe, um Wagen und Maschinen in Gang zu setzen usw. Die wundervollste Kraft von allen — der Blitz — wurde als der größte Menschenfeind angesehen und gefürchtet. Selbst die Metalle, die wir jetzt benutzen, um Maschinen und Werkzeuge zu bauen, ebenso wie die Treibstoffe für diese Maschinen in Form von Kohle und Öl, lagen tief in den Gebirgen und im Boden eingeschlossen. Der Mensch war deshalb gezwungen, dies alles erst selbst zu suchen. Das große Wunder ist, daß alles doch da lag, was er nötig hatte, und nur auf die menschliche Intelligenz, Schöpferkraft und den menschlichen Erfindergeist wartete, um benutzt zu werden. Gleichzeitig warteten diese menschlichen Eigenschaften ihrerseits auf die irdischen Verhältnisse, um zum Leben hervorgerufen zu werden und sich entwickeln zu können. Der Mensch kann auch nicht einen einzigen Schritt auf der Erde tun, nicht eine einzige Handlung unternehmen, *ohne sich selbst gleichzeitig damit zu entwickeln und das zu entfalten, was in ihm verborgen liegt:* seine Charakter-Eigenschaften, seine Willens- und Schaffenskraft. Das Beste, das er in sich entfaltet und entwickelt hat, bildet dann die „embryologischen Kernpunkte", aus welchen die nächstfolgende Existenzform geboren wird.

*

Um unsere irdische Existenz besser zu verstehen, müssen wir besonders in Betracht ziehen, daß diese sich immer *zwischen Gegensätzen* bewegt. *Diese Gegensätze bilden die Polaritäten unseres Lebens* — in gleicher Weise, wie wir im physikalischen Universum Zentripetalkraft und Zentrifugalkraft als Gegensätze haben, positive und negative Elektrizität, Kälte und Wärme, Licht und Dunkel, Sommer und Winter, Frühling und Herbst — und auf unserem seelischen Gebiet das Gute und Böse, das Schöne und Häßliche, die Wahrheit und die Lüge, die Sympathie und die Antipathie.

Aber die größte Polarität von allen ist doch die Polarität zwischen Geist und Materie!

Wir dürfen deswegen keineswegs den Geist als aus materiellen Verhältnissen erschaffen betrachten, sondern grundsätzlich *als den polaren Gegensatz zur Materie!* In seiner „Erläuterung zum Aufsatz ‚Die Natur' (1828), schrieb Goethe, *daß man die Natur überhaupt nicht ohne den Begriff von Polarität verstehen kann, weil die Materie und der Geist immer polarisch verbunden sind"*.

Unser materialistischer Freund macht deswegen den Fehler, einseitig die physikalisch-chemische Struktur der Welt als die einzig dastehende zu betrachten, *ohne ihren polarischen Gegensatz, den Geist, dazu in Beziehung zu setzen.* Wie klar sah doch dieser große Geist Goethe die Bedeutung der Polarität als grundlegend für die ganze Lebens- und Weltanschauung, ohne welche wir kein Verständnis für die dem Weltall zugrunde liegende Struktur haben können, als er schon vor über hundert Jahren den Satz schrieb:

„Weil die Materie nie ohne Geist, der Geist nie ohne Materie existieren und wirksam sein kann, so vermag auch die Materie sich nur durch den Geist zu steigern."

Diese Steigerung betrachtet Goethe als das, was den Geist am meisten charakterisiert. Er meint, nur wenn wir die Materie ohne den Geist betrachten, sinkt sie zurück zu einem ziel- und sinnlosen, seelenlosen Mechanismus, also zu dem Bild, das unser materialistischer Freund uns gegeben hat. Es ist immer *der Geist,* der in allen lebenden Wesen die Materie in intimer Verbindung mit den chemisch-physikalischen Gesetzen zu Pflanzen- und Tierkörpern organisiert. Nur so können wir die erstaunliche, immer fortschreitende und *immer sich steigernde* phylogenetische Entwicklung von der einzelligen, im Weltmeer schwimmenden Amöbe bis zu den höchstentwickelten, von Billionen Zellen und den kompliziertesten Organen zusammengesetzten Säugetieren verstehen und erklären — eine Entwicklung, die in allen Details bereits vorausgesehen und nach einem großen Plan geistig geleitet sein muß. In jeder embryonalen Entwicklung wiederholt sich dann aufs Neue in einer teleskopischen Weise — wie wir im letzten Kapitel gezeigt haben — diese grandiose phylogenetische Entwicklung ontogenetisch, von der befruchteten Mutterzelle bis zum neugeborenen Kind und weiter zum erwachsenen Menschen. Also immer dieselbe *Steigerung,* die sich weiter in allen menschlichen Unternehmungen und schließlich auch *in dem kategorischen Imperativ,* der von uns immer Höchstleistungen fordert, manifestiert.

Was ist also das Leben anders als ein stetiges polarisches Zusammenspiel und Wechselspiel zwichen den beiden großen Polen *Geist* und *Materie?* — Wie immer in allen polarischen Verhältnissen haben diese zwei einander nötig und können nicht ohne einander existieren. Wenn das Spiel vorüber ist, wird alles, was an einem Lebewesen Materie ist, zu den Ursprungselementen zurückverwandelt, weil zur Zeit — vorläufig — diese Polarität aufgehoben ist.

Die Materie zieht immer den Geist als ihren Gegenpol an und der Geist in gleicher Weise immer die Materie. Nur in Verbindung miteinander können sie beide ihre göttliche Aufgabe erfüllen.

In dieser Weise werden alle unsere Schwierigkeiten vom Anfang unseres Kapitels sofort gelöst und zum Verschwinden gebracht. Das immer dunkle, lautlose, physikalisch-chemische Weltall unseres materialistischen Freundes war also nur *die eine Hälfte* einer Sache, deren andere Hälfte *der Geist* ist, ganz so wie die negative Elektrizität die positive als Gegenpol hat und wie das Gute im Erdenleben als Gegner immer das Böse zum Gegenpol haben muß.

In jeder Polarität bilden die beiden Pole zusammen eine Ganzheit. Sie ziehen sich unaufhörlich an und stoßen gleichzeitig einander ab. Sie balancieren sich aus — bildlich gesprochen — in genau derselben Weise, wie die Zentripetalkraft und Zentrifugalkraft, wenn sie den gewaltigen Erdball von Jahr zu Jahr genau in derselben Bahn halten, so daß wir Menschen von Jahr zu Jahr dieselbe Quantität von Licht und Wärme von der Sonne bekommen können.

Wir leben und bewegen uns immer inmitten von Polaritäten und werden als lebende Wesen auch immer von diesen Gegensätzen beeinflußt. Die uns am nächsten liegende Polarität ist selbstverständlich die zwischen Körper und Seele. Die Beziehung dieser beiden zueinander könnten wir überhaupt nie verstehen, ohne sie als eine gegenseitige Polarität zu sehen. Die beiden beeinflussen einander telepathisch durch „drahtlose Übertragung" von seelischen und körperlichen Zuständen, Eindrücken, Gefühlen und Gedanken. Heißt es nicht: „Zwei Seelen kämpfen in meiner Brust"? Wir haben ja diese zwei kämpfenden Seelen für unsere Entwicklung ebenso nötig wie alle die anderen Polaritäten in unserem Wesen und dessen Lebensmilieu. Auf diesen innerseelischen und innerkörperlichen Polaritäten sind auch alle unsere Gesundheitsgesetze und Moralgesetze aufgebaut. Sie sind die zwei großen Kräfte, die unser Leben auf Erden zu diesem gewaltigen Drama machen mit allen seinen wundervollen Ergebnissen, zu dem großen Spiel, das uns von Kindheit an fasziniert. Ohne diese polarischen Gegensätze würde das Leben selbst schwach, eintönig und reizlos sein. Kein Mensch hat dies besser verstanden als der große englische Dramaturg Shakespeare, der in seinen Dramen die Polaritäten zu Gipfelpunkten der Spannung erhebt.

Wohin wir uns wenden, und was wir auch tun, überall stoßen wir auf die Polarität als die das Leben aufbauende, strukturformende und aufrechthaltende Kraft. Sie ist nicht nur das rote Blut unserer Existenz, sondern ist auch maßgebend für alle interplanetarischen und intersolaren Beziehungen und Ereignisse im Weltall. Sicher ist es auch diese Polarität, die sich im Schicksal der Menschenseele zwischen Geburt und Sterben und dem Erwachen zu einem neuen Leben auf anderen Seinsebenen als leitend und führend ausspielt.

Wir können sie auffassen als die Kraft, die uns von früheren Seinsebenen zur Erde geführt hat. Durch sie wurden wir von den planetarisch-irdischen Verhältnissen in einer solchen Weise angezogen, daß wir zur Erde kommen mußten — ganz einfach, weil wir für unsere Weiterentwicklung diese Verhältnisse nötig hatten, um hier, wie oben gesagt, gewisse Eigenschaften, die in uns schlummern, zu erwecken und zu entwickeln.

Bildlich können wir dieses Kommen mit einer interplanetarischen Reise in einer imaginären seelisch-geistigen Kugel vergleichen, in deren Mitte eingeschlossen wir auf die Erde kamen. Wohin wir in dieser Kugel auch unsere Blicke richten, spiegelt sich das Weltall in ihr stets in einer solchen Weise, daß das Bild, das wir von ihm empfangen, immer dem derzeitigen Entwicklungsstadium unserer Seele angepaßt ist, so daß wir von allen den Auswirkungen der uns umgebenden materiellen Verhältnisse *nur dasjenige* erleben können, was sich *in seelische Qualitäten* verwandeln läßt. Deswegen müssen tote Luft- und Ätherwellen, die diese „Kugel" treffen, sich immer in etwas anderes, in Licht, Farben und Töne verwandeln; ganz wie alle die anderen Eindrücke sich gleicherweise in seelische und geistige Qualitäten wie Gedanken, Begriffe, Ideen, Gefühle, Wünsche, Freude und Leiden, Glück und Unglück, Hoffnung und Verzweiflung, Sorge und Zuversicht, Ahnung, Glaube, Lebensanschauungen und religiöse Visionen umwandeln.

In dieser „Kugel" ist also unser „Ich" während seiner kosmischen Pilgerfahrt immer eingeschlossen. Wir tragen sie überall mit uns wie die Schnecke ihr Haus. In ihr erlebt das Ich sich selbst. Dort ist seine Welt — für es die einzig-wirkliche Welt — mehr wirklich, als alles andere im Weltall. In dieser Kugel geht die Sonne jeden Morgen auf und jeden Abend unter. In ihr leuchten die schönsten Farben am Himmel, blühen die wundervollsten Blumen, ist die Luft von einem herrlichen Aroma erfüllt, breitet sich das Meer im Abendglanz der Sonne unter einem tiefblauen Himmel. — Heraus aus dieser „Kugel" können wir glücklicherweise niemals kommen. Sie ist ein integrierender Teil unseres Wesens und gleichzeitig *unser wirkliches Weltall* — ein seelisch-geistiges Urphänomen . . . ein göttlicher Mutterschoß, in dem wir immer zu neuen und schöneren Existenzformen geboren werden. Sie trägt uns mit sich von Seins-Ebene zu Seins-Ebene. Wenn unser Körper eines Tages abgenutzt ist, und uns nicht mehr als Werkzeug dienen kann, legen wir ihn ab, leben aber und entwickeln uns weiter in dieser unserer seelisch-geistigen Welt — weil sie genau so unzerstörbar ist wie unser Wesenskern selbst. Es ist dann diese unsere eigene geistig-seelische Welt, die uns gemäß einer höheren Gesetzmäßigkeit zu anderen Seins-Ebenen führt, wo sie uns wieder mit neuen Eindrücken und Erlebnissen bedienen wird — auf der ewigen Pilgerfahrt nach Vollkommenheit.

V] Körper und Seele

Wenn ihr's nicht fühlt,
Ihr werdet's nicht erjagen,
Wenn es nicht aus der Seele dringt
Und mit urkräftigem Behagen
Die Herzen aller Hörer zwingt.

Der Bücherschrank, ist er der heilige Bronnen,
Woraus ein Trunk den Durst auf ewig stillt?
Erquickung hast du nicht gewonnen,
Wenn sie dir nicht aus eigner Seele quillt.

Dem Herrlichsten, was auch der Geist empfangen,
Drängt immer fremd und fremder Stoff sich an;
Wenn wir zum Guten dieser Welt gelangen,
Dann heißt das Bessere Trug und Wahn.
Die uns das Leben gaben, herrliche Gefühle,
Erstarren in dem irdischen Gewühle.

J. W. V. GOETHE

Mit welch schönen Worten hat doch dieses große Genie Goethe in den obigen Ausschnitten aus seinem Meisterwerk „Faust" uns auf den Punkt aufmerksam gemacht, an dem wir alle im Leben so leicht mit unseren Gedanken entgleisen und irregeführt werden: da wir unser Gedanken- und Begriffsleben höher schätzen als unser Gefühlsleben. In unserem Gefühlsleben stehen wir dem Urquell des Lebens viel näher, ja wir können die Wahrheit aus dieser Quelle überhaupt nur mit Hilfe unserer Gefühle schöpfen. Aber dann muß auch unser Gefühlsleben in einer ganz anderen Weise geschätzt und geachtet werden, gepflegt und ausgebildet, wie wir in der Folge sehen werden.

Das Leben ist, wie wir gesehen haben, grundsätzlich auf einer durchgehenden Polarität aufgebaut und bewegt sich immer zwischen Polaritäten. Es ist ein Zusammenspiel und Wechselspiel zwischen entgegengesetzten Polen, vor allem zwischen Geist und Materie. Das gibt dem Leben seine große Spannung und Dramatik, aber auch die unendlichen Schaffensmöglichkeiten, die wir in der Tierwelt, der Pflanzenwelt und der Bakterienwelt der Erde studieren können. Wollen Sie dazu Beispiele haben, so können Sie kaum lebendigere und anschaulichere finden, als beim Studium des Buches von *Dr. Fritz Kahn* „Das Buch der Natur", im Albert-Müller-Verlag, Rüschlikon-Zürich. Es ist ein glänzend geschriebenes, interessantes Buch, das uns in allen Einzelheiten offenbart, wie wundervoll sich dieses Zusammenspiel und Wechselspiel zwischen Geist und Materie in Form und Aufbau der vollendetsten und eigenartigsten Pflanzen und Tiere ausgewirkt hat. Alle diese Geschöpfe sind natürlich nur Manifestationen von etwas Geistigem, das in Verbindung mit der Materie allen diesen Pflanzen- und Tierseelen einen Spielraum auf der Erde gegeben hat, so daß sie gemäß ihrer Eigenart hier ihren Lebenszyklus vollenden und ihre ihnen zugewiesene Rolle in der großen Weltharmonie spielen können.

Aber hier, meine lieben Leser, müssen wir einen Augenblick anhalten und uns fragen: — Wie kommt es überhaupt dazu, daß die Materie an einem solchen Zusammenspiel und Wechselspiel mit dem Geist teilnehmen kann, ohne daß sie auch grundsätzlich wesensgleich mit dem Geist ist? Denn nur das, was wesensgleich ist, kann sich gegenseitig berühren, gegeneinander ausspielen und miteinander wirken. Also muß die Materie im Grunde wesensgleich mit dem Geist sein! Aber wo liegt dann die Verschiedenheit? — Antwort: *Nur in dem andersgearteten Strukturaufbau und der Verschiedenheit der Schwingungen.*

Vor meinen Augen liegt jetzt, da ich diese Zeilen schreibe, der große Monte Vegliasco in Alassio, 600 Meter hoch, mit allen seinen Terrassen, Olivenhainen, schönen Gärten, großen

Wiesen, Villen und Bauernhäusern. Monte Vegliasco selbst sieht heute genau so aus, wie ihn die Römer vor 2000 Jahren sahen, als sie hier vorbei nach Frankreich, Spanien und Britannien zogen. Physikalisch betrachtet ist ein solcher Berg nichts anderes als eine Struktur von Atomen und Molekülen, die mit den Schwingungen ihrer Protonen und Elektronen für Jahrtausende und Jahrmillionen an denselben Kreislauf gebunden sind. Dadurch bewahrte er seine Form und Gestalt fast unverändert, während die Römer, die hier vorbeizogen, längst von der Erde verschwunden sind. In ihren Körpern standen die Atome und Moleküle mit ihren Protonen und Elektronen, die an dem Strukturaufbau und den Verrichtungen der verschiedenen Organe beteiligt waren, in einem ganz anderen und labileren Verhältnis zueinander. Deswegen mußten die Menschen nach einer Lebenszeit von höchstens 80 oder 90 Jahren verschwinden, der Berg aber blieb.

Diese Betrachtungen zeigen, daß Geist und Materie nicht wesensverschieden sind, sondern sich untereinander nur in dem Strukturaufbau und der Zusammensetzung ihrer verschiedenen Teile oder Organe unterscheiden. Man könnte auch sagen, daß der Unterschied zwischen Geist und Materie letzten Endes nur *ein Zeitunterschied* ist. Deswegen ist auch ein lebendiger Organismus in seinem Aufbau und den Tätigkeiten seiner Organe an einen ganz anderen Zeitablauf gebunden als ein Sandkorn oder ein Stein.

Durch ihren eigenartigen und dauerhaften Strukturaufbau und die dauerhaften, auf lange Zeiträume eingestellten Verrichtungen ihrer atomaren und molekularen Bestandteile bietet die Erde als Planet dem Leben die Entwicklungsmöglichkeiten, die es nötig hatte, um sich verkörpern und in Erscheinung treten zu können. Die Erde hat selbst eine großartige, sagenhafte Entwicklung hinter sich, in der sie sich aus einem Stern durch gewaltige geologische Perioden hindurch zu ihrem jetzigen Zustand entwickelte, um diesem Spiel der lebenden Organismen einen geeigneten Boden — oder besser eine Bühne geben zu können. Auf dieser Bühne sind wir Menschen selbst die größten Mitspieler. Aber dieses „Spiel" wäre doch vollkommen sinnlos, wenn die Erde einmal nach Jahrmilliarden oder Jahrbillonen zu einem Trümmerhaufen erstarren oder in einen kosmischen Schmelzofen geschleudert würde und von dem ganzen großartigen Drama des Lebens auf ihrer Oberfläche nichts übrigbleiben würde. Ich rate jedem Leser, der sich für diese große Frage interessiert, den Artikel „Die Geburt der Erde" in der Mainummer „Das Beste" 1953 zu lesen, aus dem wir hier einen Ausschnitt folgen lassen. Dieser Artikel wurde ursprünglich in der amerikanischen Zeitschrift „Life" veröffentlicht, und ist von dem Astronomen Lincoln Barnett geschrieben.

Bitte stellen Sie sich nach dem Lesen des folgenden Ausschnitts die Frage: Bleibt wirklich nichts übrig, ist dies alles nur ein sinnloses Theaterspiel, so voll von Leiden und großen Hoffnungen, und wird alles wirklich nur in absolutes Nichts verrinnen?

„Vielleicht in drei bis zehn Milliarden Jahren", schreibt der Verfasser, „wird der Wasserstoff, der unsere Sonne leuchten läßt, abnehmen, und mit seinem Schwinden werden gewisse dynamische Prozesse einsetzen, welche die Sonne heißer und heller aufglühen lassen. Langsam und stetig wird die Temperatur auf der Erde steigen, bis alles Leben verdorrt und die Meere verdampfen. In ihrem Todeskampf wird sich die Sonne vermutlich ausdehnen — erst langsam, dann schneller und schneller — bis sie zu einem ‚roten Riesen' wird, wie wir Astronomen sagen, zu einem diffusen, immer unförmiger anschwellenden Stern, der die Erde schließlich verschlingt."

„Es ist aber auch möglich, daß die Sonne in ihrem Endstadium explodiert. Sie kann entweder in einer einzigen katastrophalen Explosion auseinanderplatzen, oder sie kann

eine ‚Nova' werden und in einer Reihe von Teilexplosionen zerfallen, deren jede die Leuchtkraft der Sonne zeitweise zehntausendfach erhöht."

„Wenn der Tag des Weltuntergangs kommt, wird die Sonne die äußeren Schichten ihrer weißglühenden Atmospäre abschleudern, und das furchtbare weiße Feuer ihres Kerns bloßlegen. Der erste Ausbruch von Licht und Hitze wird die Erde mit tödlicher Strahlung überfluten — genau acht Minuten nach der ersten Explosion. Zwei Tage später werden die Gase, die die Sonne mit einer Geschwindigkeit von drei Millionen Kilometern in der Stunde ausstößt, unseren todgeweihten Planeten in Feuerschleier hüllen, werden die Berge zum Schmelzen bringen, werden selbst die Luft entzünden."

Das Ende ist am anschaulichsten in der Offenbarung Johannis geschildert — einer weiteren überraschenden Übereinstimmung zwischen biblischer und heutiger wissenschaftlicher Prophetie: —

„Und der vierte Engel goß aus seine Schale in die Sonne ... Und den Menschen ward heiß vor großer Hitze ... und die Städte der Heiden fielen ... Und alle Inseln entflohen, und keine Berge wurden gefunden ..."

In dieser Weise wird also die Erde mit allem, was sich auf ihrer Oberfläche abgespielt hat, in einen kosmischen Schmelzofen geschleudert und vernichtet. Was bleibt dann übrig? —

Dies ist eine Frage, die jeder Materialist ängstlich vermeidet, sich selbst oder seinesgleichen zu stellen. Wie der Vogel Strauß steckt er seinen Kopf in den Sand — das heißt in die Materie selbst — und bittet die Materie, die er zu seinem Gott gemacht hat, auf seinen Knien, ihn vor dieser Frage und ihren schrecklichen Zukunftsperspektiven zu hüten. Aber die Materie versagt sich ihm und kann ihm keinen Trost bringen. Deswegen hüllt sich jeder Materialist in einen

Nebel von vagen Gedanken und sucht durch ein Spiel mit beliebig gewählten Begriffen allen traurigen Vorstellungen von einem endgültigen Verwischen der Spuren aller menschlichen Bestrebungen aus dem Wege zu gehen. Das ist der Punkt, an dem er mit seiner Auslegekunst haltmacht, alle weiteren Fragen abschneidet und das große Problem von dem Sinn des Lebens als endgültig gelöst betrachtet. Ein Beispiel haben wir im folgendem Brief, den ich vor kurzem bekam:

„Erheben wir egoistischen Menschen uns doch endlich hinaus von der naiven Ansicht, daß wir ewige Ich-Seelen haben, die nach dem Tode als verbesserte Iche fortbestehen. Es ist ein frommer, tröstender, schöner aber unhaltbarer Wahn. Die größere Geste des Menschen wäre: sich seine Vergänglichkeit als Ich-Wesen endlich einzugestehen und sich damit zu begnügen, unsterblich sein zu können, auch wenn er selbst nicht mehr existiert!"

Und wie denkt er sich dann diese Unsterblichkeit?

„Unsterblich durch Fortpflanzung! — Schließlich lebt ja in uns immer noch *die unsterbliche Urzelle,* die vor, glaub' ich, zwei Milliarden Jahren etwa, entstand. Sterblich daran ist lediglich das, was wir Menschen uns einbilden, es sei unsterblich, nämlich *der jeweilige ‚Funktionsträger der Urzelle'*, das einzige unsterbliche ‚Ich'! . . . Unsterblich ferner *durch unseren Beitrag* an der Menschenkultur! Denn wir rufen Energien hervor, ob Gedanken, Musik oder Fabriken — die nach unserem Auslöschen weiterbestehen. Es stecken ganz echt und physikalisch wirklich unsere spezifischen ureigensten Kräfte *in den Werken,* die da sind, und höchstens in die atomphysikalischen Urbausteine aufgelöst werden können. Werden sie aber nicht aufgelöst, sondern treffen einen biologischen, hierauf abgestimmten Empfänger, so veranlassen meine Ich-Energien (meine Werke und Taten) dort wieder ein Fortbestehen und Fortentwickeln dieser meiner geformten Energien."

„Ich selbst aber war ja auch nur ein Zwischenträger, und vielleicht, wenn ich ein großer war, hab' ich einiges Neue zu dem relativ Unsterblichen dazugetan."

„Goethe und Christus und der Inka-Sonnenkönig und Napoleon — sie alle leben heute noch und leben so lange, als geeignete Lebensträger *ihrer Werke* leben." —

„Aber: — Sie selbst, ihr ‚Ichbewußtsein', ihr Individuum — nein, das ist wirklich restlos und längst zerfallen."

*

Ich habe immer gefunden, daß in allen Materialisten — und um einen solchen handelt es sich hier natürlich — das Vorstellungsvermögen und der Wille, eine Frage bis zu ihrem Ende zu verfolgen, versagt. Es ist schön zu sagen, daß nur das Protoplasma weiterlebt und daß nur einige von unseren Gedanken sich durch dieses Protoplasma wiederverkörpern und in Form von Maschinen, Bauten, Kunstwerken usw. fortbestehen. *Aber einmal kommt doch unvermeidlich das Ende!* Und alles endet im Nichts! Also müssen wir Menschen fragen, wozu dieses sinnlose Spiel des Protoplasma, das sich in unzähligen Generationen von Menschen verkörpert hat, wenn doch schließlich alles in einen kosmischen Schmelzofen geschleudert wird? Wieviel Arbeit hat dies alles gekostet, wieviel Leiden, Gefühle, Hoffnungen und Enttäuschungen stecken nicht darin!

Der deutsche Philosoph *Nietzsche* hat dieses Problem in seinem Gedicht „Das Nachtlied" angedeutet:

Oh Mensch gibt acht!
Was spricht die tiefe Mitternacht?
Ich schlief, ich schlief!
Aus tiefem Traum bin ich erwacht,
Die Welt ist tief!
Tief ist ihr Weh!

Ja wirklich, tief ist ihr Weh! Aber warum dieses Weh, wenn alles doch schließlich in einer pechdunklen Nacht endet? Warum dieses große Drama des Lebens?

Warum sind wir „aus tiefem Traum" zum Leben erweckt worden, wenn Leben doch gleichbedeutend mit tiefem Weh ist? — Alle diese Fragen vermeidet der Materialist geschickt, wenn er seine Freunde, seine Zuhörer und Leser mit dem Nebel des Protoplasmaspiels abfertigt und dann selbst mit Verbeugung und großartiger Geste von der Bühne zurücktritt, als hätte er damit alles erklärt.

Es ist eine Tatsache, daß für die meisten Menschen das Erdenleben so voll von Leiden und Enttäuschungen ist, daß der große Dichter und Dramaturg *Shakespeare* vollkommen recht hatte, als er Hamlet die Worte in den Mund legte: —

Sein oder Nichtsein, das ist hier die Frage,
ob's edler im Gemüt, die Pfeil' und Schleudern
des wütenden Geschicks erdulden, oder
sich waffnend gegen eine See von Plagen
durch Widerstand sie enden, sterben, schlafen? —
Und zu wissen, daß mit dem Schlaf das Herzweh
und die tausend Stöße enden,
die unseres Körpers Erbteil! —
Es wär' ein Ziel, aufs Innigste zu wünschen!
Sterben, schlafen ... schlafen, vielleicht auch träumen? —
Ja, da liegt es!
Was in dem Schlaf für Träume kommen mögen,
wenn wir den Drang des Ird'schen abgeschüttelt,
macht still uns stehen. Es ist die Rücksicht,
die Elend läßt zu hohen Jahren kommen.
Denn wer ertrüg' der Zeiten Spott und Geißel,
der Mächt'gen Druck, der Stolzen Mißhandlungen,
verschmähter Liebe Pein, des Gerechtes Aufschub,
den Übermut der Ämter, und die Schmach,
die Unverdienst dem schweigenden Verdienst erweist,

mit einer Nadel bloß? — Wer trüge Lasten,
und stöhnt' und schwitzte unter Lebensmüh,
wenn nicht die Furcht vor etwas nach dem Tode,
das unbekannte Land, von dess' Bezirk
kein Wanderer zurückkehrt, den Willen irrt',
daß wir die Übel, die wir haben, lieber tragen,
als zu Unbekannten fliehn.
So macht Gewissen Feige aus uns allen.
Die angeborne Farbe der Entschließung
wird der Gedanken Blässe angekränkelt,
und Unternehmungen von Mark und Nachdruck,
mit diesen Gedanken aus ihr' Bahn gelenkt,
verlieren so der Handlung Name.

Jedoch, warum begehen die Leute nicht Selbstmord? — Selbstmorde sind doch eine große Ausnahme. Und untersucht man ihre Motive, dann findet man dahinter meist, daß sich der Mensch getötet hat, weil er in seinem Leben *„keinen Sinn mehr finden konnte"*. Also ist es die *Sinnfindung*, die sie daran hindert! Die meisten Menschen glauben doch unbewußt, daß das Leben einen Sinn haben muß! Aber für den Materialisten existiert kein solcher Sinn. Höchstens sucht er den Sinn in dem Kulturaufbau und meint, wie unser Freund oben, daß gewisse menschliche Ziele dadurch erreicht und auf höher entwickelte Menschen rein materialistisch vererbt werden können. Aber schließlich zeigt sich doch, daß das Ganze vergebens gewesen ist. Der in jedem Menschen niedergelegte Drang zum Leben wird deswegen materialistisch gesehen absolut unerklärbar — soweit dieser Drang nicht der Ausdruck dafür ist, daß das Leben *doch* voll von Sinn ist und — wie *Shakespeare* angedeutet hat — nach dem Tode weitergelebt werden kann — und wenn auch nur als Traum. Aber welche Qualen kann man nicht auch in einem Traum erleben? . . .

Kein Dichter hat diese Frage so meisterlich ausgeformt

gestellt, als unser großer schwedischer Dichter *Gustav Fröding* — einer der größten der Weltliteratur — in seinem Gedicht „Moira". Moira war nämlich für die alten Griechen die Göttin „des eisernen Kausalgesetzes", das sich in ihrer Phantasie in dem Bild von einem toten Weltmechanismus verkörperte. Fröding richtet diese brennende Frage von der Sinnlosigkeit dieses Gebildes an die Göttin Moira selbst: —

Antworte, Moira, dem Staubgebor'nen
Du, die in Nacht und im Dunkeln Verborgene,
Chaos formend und Kosmos lenkend.
Warum werden geboren und sterben wir,
Warum stolpern wir qualgebrochen
Geschlecht nach Geschlecht am Rande des Grabes,
Warum hast Du das Gift der Sehnsucht
Uns in das Herz gegossen?
Warum zeigst Du uns schwindelnde Ziele —
Und läßt uns versinken in gähnenden Abgrund,
Wenn wir die ersten Schritte lenken
Gegen das lockende Ziel?
Bist Du des Zufalls Füllhorn,
Ziellos Ströme des Lebens schüttend,
Durch endlose Räume?
Bist Du ein böser Dämon,
Wesen schaffend zu Deinem Vergnügen
Um uns zu martern,
Mit uns zu spielen,
Und uns in schauriger Wollust zu töten?

Ja, mein lieber materialistischer Freund, so sieht die große Frage vom Sinn unseres Lebens in ihrer Nacktheit aus, wenn ein wirklich warmherziger und tieffühlender Mensch wie Gustav Fröding sie an diese, von euch, ihre Materialisten geschaffene, seelenlose, kosmische Maschinerie richtet. Wie wundervoll hat nicht dieser hellhörige, visionäre Dichter, so voll von Liebe zu und Mitleid mit der armen Menschheit, die die Konsequenzen eurer sinnlosen, kaltblütigen Lehre tragen muß, seinem eigenen Herzblut in diesen Zeilen Ausdruck gegeben! So weit ist niemand von euch in wirklicher Menschenliebe und einem Tiefgefühl für den Wahrheitsgehalt, der in diesen großen Fragen von Sinn und Sinnlosigkeit des Menschenlebens versteckt liegt, gekommen. Ihr bleibt auf halbem Wege stehen, weil gerade eure Gefühle und eure Wahrheitsliebe versagen. Und das Traurigste ist, daß das, was euch von einer mehr vergeistigten und deswegen wirklichkeitsnäheren Anschauung noch geblieben ist, verschüttet wird, und schließlich durch eure falsche Einstellung zu diesen Problemen mehr und mehr unter den Trümmern eurer Menschenliebe und Wahrheitsgefühle begraben wird.

Denn wer war es wohl, der während des zweiten Weltkrieges die menschenvernichtenden Gaskammern erfand, der die Konzentrationslager für Andersdenkende einrichtete und in seinen Arbeitsbataillonen tausende und aber tausende arme rechtlose und verhungernde Gefangene zum Tode trieb, wenn nicht gerade diese, alle Lebenswerte vernichtende, sinnlose, mechanische, materialistische Lebensanschauung. Denn wenn der Materialist sein Weltbild von allen menschlichen Werten entblößt, weil er sie nur als sinnlose Illusionen betrachtet, dann werden die Werte auch für ihn selbst zwangsläufig in Nichts zerrinnen müssen. Die Folge davon ist, daß er seine Mitmenschen und gleichzeitig auch sich selbst nur als willenlose Marionetten in den Händen zwingender seelen- und sinnloser Kräfte ansehen muß, die ihn für keine seiner Handlungen verantwortlich machen können. Er sieht sich selbst nur als kleines Rädchen in der riesigen, sinnlosen, kosmischen Automatenmaschinerie, die von Anfang an so konstruiert worden war, daß schon durch die Lage der Atome zueinander, alles, was kommen und geschehen sollte und was er selbst fühlen, denken und tun würde, bis in die kleinsten Details vorausbestimmt war. Die ganze Weltentwicklung wird dadurch — bildlich gesprochen — zu dem automatischen Abrollen eines kosmischen Films, der einmal in einer unbegreiflichen Weise vorbereitet wurde.

Die eigentlichen Spieler in diesem Film sind jedoch nicht wir, sondern die Atome, die unaufhörlich gemäß dem eisernen Kausalgesetz ihre Lage zueinander verändern. Währenddessen rollt dadurch das Geschehen ab, was wir Geschichte nennen. Jeder Mensch ist also nur ein Punkt dieses Abrollens. Er kann niemals anders handeln, anders denken und anders fühlen, als es vor Jahrmillionen und Jahrmilliarden für ihn vorausbestimmt war, und muß auch seine Mitmenschen so betrachten — und behandeln. Folglich gibt es auch für ihn keinen Unterschied zwischen einem guten Menschen und einem Verbrecher. Sie sind beide nur Marionettenfiguren in diesem großen Film und müssen genau so handeln und sich benehmen, wie es ihnen vorausbestimmt war.

Jeder Verbrecher könnte also dem Richter sagen: „Herr Richter, Sie wissen, daß es keinen freien Willen gibt, daß wir alle nur Marionetten sind und uns auf der Weltbühne so benehmen müssen, wie es von Uranfang bestimmt war. Wenn ich also zum Mörder wurde, so bin ich dafür keineswegs selbst verantwortlich. Wie in einer großen industriellen Maschinerie alle Räder laufen, wie sie laufen müssen, so ist auch mein Arm und meine Hand zum tödlichen Schlag gehoben worden ohne mein Zutun. Und ebensowenig konnte ich es verhindern, die alte Frau zu töten und zu berauben. Denn es war genau so bestimmt.

Auch Sie, Herr Richter, müssen genau so, wie es für Sie vorgeschrieben ist, meine Handlung verurteilen. Aber Sie selbst sind in keiner Weise ein besserer Mensch als ich. Es gibt nichts Gutes und nichts Böses in der Welt. Es gibt nur etwas, was sich mechanisch entwickelt, so wie es von Urzeiten vorausbestimmt und vorbereitet war.“

So etwa könnte ein Angeklagter vor Gericht sprechen, um sich moralisch freizusprechen. Und seine materialistisch eingestellten Zuhörer könnten nichts dagegen einwenden — nur zustimmen!

Als ich meine Reifeprüfung für die Universität absolviert hatte, im wunderschönen Monat Mai 1896, war in allen Universitäten der Welt die materialistische Weltanschauung die allein vorherrschende. Ich erinnere mich noch genau an den Tag, als wir einen neuen Dekanus bekamen. Er war Professor in Physik. In seinem Einführungsvortrag vor uns Studenten in der Aula sagte er:

„Eines Tages wird vielleicht meine Wissenschaft soweit gekommen sein, daß wir einen Querschnitt durch das Universum nehmen können und von diesem Querschnitt ausgehend alles, was geschehen wird, mit größter Genauigkeit berechnen und voraussagen können. Dann haben wir auch das große Welträtsel endgültig gelöst. Und wir werden vielleicht auch psychologisch so weit kommen, daß wir bei der Geburt eines Kindes dessen ganzen Lebensablauf bis zum Tode im voraus schildern können. Dann hat die Wissenschaft ihre Aufgabe zu einem Abschluß gebracht. Das Leben ist nur ein gewaltiges Rechenexempel. Alles, was wir bisher von der Seele und von geistigen Werten angenommen hatten, sind nur die Illusionen eines Kindertraums gewesen." —

Nun, ich kam aus einem tief religiösen Elternhaus und war in einer wundervollen Atmosphäre von Liebe und tiefster Verantwortlichkeit von Gedanken und Handlungen einem persönlichen Gott gegenüber erzogen. Dieser Gott war der Urheber des Weltalls und meines eigenen Lebens, und er war nur Liebe — wie meine eigene Mutter. Alles in mir protestierte gegen das Bild des Weltalls, wie es dieser Professor gab. Vor allem aber konnte ich niemals meine liebe Mutter als einen solchen seelenlosen Automaten betrachten, weil ich mit so tiefer Liebe und Bewunderung an ihr hing.

Meine Mutter war auch eine außergewöhnliche Persönlichkeit — einer der wenigen Menschen auf der Erde, der keine Feinde hatte. Sie strahlte eine solche Atmosphäre von Liebe und Verständnis aus, daß auch sie nur von allen Seiten geliebt und verehrt wurde. Man konnte beobachten, wie sich selbst die einfachsten Menschen verwandelten, wenn sie in ihre Nähe kamen.

Als bei dem roten Aufruhr in Finnland die uralte schwedische Stadt Ekenäs von den Roten besetzt wurde, und alle Häuser in der Stadt von roten Soldaten durchsucht wurden, schützten die in der Stadt eingeborenen Roten selbst das Haus meiner Mutter, indem sie freiwillig Posten davor stellten, um es vor jedem Übergriff ihrer eigenen Kameraden zu bewahren. Der Bürgermeister wurde erschossen, und mehrere andere Bürger der Stadt, die führende Persönlichkeiten und somit Volksfeinde waren, wurden gesucht, um in derselben Weise erledigt zu werden. Alle jungen Bürgersöhne waren längst geflohen. Aber durch die Verehrung, die selbst die in der Stadt ansässigen roten Soldaten für meine Mutter hatten, war sie und unser Haus völlig geschützt.

Keine Macht in der Welt konnte mich deswegen überzeugen, daß ein Weltall, das eine solche Persönlichkeit wie meine Mutter zutage gebracht hatte, ein seelenloser Mechanismus sein könne.

Als sie starb, war die Sonne meines Lebens verschwunden — bis ich meine Frau traf. Ich hätte mich furchtbar verlassen gefühlt, hätte ich nicht gewußt, daß meine Mutter auch nach dem Tode noch genau so lebendig war, ja, viel lebendiger als jemals. Ich kann sagen, daß ich seitdem Tag und Nacht ihre Anwesenheit gefühlt habe. Ich glaube auch, daß ich ohne ihre Leitung aus anderen Welten niemals alle diese Wahrheiten gefunden hätte und die Waerland-Bewegung nicht hätte ins Leben rufen können. Nach dem roten Aufruhr verfaßte ich eine Kampfschrift gegen den Materialismus, betitelt: „Geist oder Materie“, die ich meiner Mutter widmete. Diese Schrift wurde in vielen Auflagen gedruckt und wird noch heute viel gelesen, trotzdem sich seitdem alles verändert hat und die alte materialistische Anschauung nur noch als sinnloser Spuk weiterlebt.

Um ein Beispiel für die Sinnlosigkeit und Kurzsichtigkeit des Materialismus zu geben, erinnere ich mich hier eines Vorfalls bei einer unserer unzähligen öffentlichen Diskussionen an der Universität über diese Fragen.

Einmal wurden an einem Diskussionsabend einer materialistisch eingestellten Studentenverbindung die religiösen Anschauungen als eine Verfälschung des Lebens angegriffen und vor allem die Theologen schwer verleumdet. Der vorsitzende Wortführer — selbst ein überzeugter Materialist — sagte, daß allen Theologen verboten werden sollte, ihren Unsinn über das Leben zu predigen, und daß sie auch dafür gerichtlich bestraft werden sollten. Er meinte, daß sie alle lügen und das Leben verfälschen.

Als der von den Anwesenden gewählte Gegensprecher machte ich ihn sofort aufmerksam, daß er selbst von seiner materialistischen Anschauung entgleist sei, als er diesen Angriff machte.

„Nicht wahr", sagte ich, „Ihrer Anschauung gemäß sind wir alle Automaten und vollständig unverantwortlich für alle unsere Handlungen, Gedanken und Worte. Der freie Wille ist nur ein Wahn. So ist also auch jeder Prediger in der Kirche Ihrer Anschauung gemäß nur ein willenloser Teilautomat des großen ‚Weltautomaten' und selbstverständlich ohne Verantwortung für alles, was er sagt und predigt. Ihrer Anschauung gemäß ist er von Anfang an so aufgezogen, daß er seine Anschauung jeden Sonntag in dieser Weise verkündigen muß. Warum greifen Sie ihn dafür an und beschimpfen ihn? Die Atome in seinem Gehirn bewegen sich ebenso automatisch wie die Ihrigen, und wenn sie in eine bestimmte Lage kommen, bewegt sich die Zunge des Predigers, so wie es vorausbestimmt war, und er muß automatisch einen Glauben an Gott und an die Unsterblichkeit der Menschenseele verkündigen.

Ihrer Anschauung gemäß ist nicht *er* es, der alles dies ausspricht, sondern seine Ansichten, die Sie so stark kritisieren, sind vom Weltall selbst erzeugt und bis ins kleinste Detail von der zufälligen Lage der Atome in seinem Gehirn bestimmt.

Wie kommt es dann, meine Herren, daß dieses Weltall in einigen Menschen einen Glauben an Gott und an einen freien Willen verkündet, und in anderen Gehirnen dies verneint? Das große Weltall produziert also automatisch so grundverschiedene Ansichten über sich selbst! Und wir können nichts anderes tun, als diese Ansichten genehmigen, als von Anfang an im Weltmechanismus so niedergelegt, wie sie jetzt in dem kirchlichen Prediger zum Ausdruck kommen.

Alles, was Kritik heißt, ist deswegen unsinnig und unmaterialistisch. Wir können den Weltmechanismus nicht kritisieren, sondern müssen alles, was davon kommt, vorbehaltlos hinnehmen. Wenn Sie z. B. sagen, daß die Priester lügen und mit Dummheiten kommen, so beschimpfen Sie grundsätzlich diesen großen Weltmechanismus selbst, weil doch alles von ihm hervorgebracht wird, was Sie Lüge und Dummheit nennen. Aber es gibt doch, Ihrer Ansicht gemäß, überhaupt keine Lüge, keine Dummheiten, und auch keine Wahrheit! Alles ist nur ein sinnloses mechanisches Geschehen! Also bitte, meine Herren, halten Sie sich doch nur an Ihre eigenen Prinzipien! Und tun Sie das, dann können wir sofort diese Diskussion als völlig unsinnig schließen und nach Hause gehen, essen und schlafen! Denn wir werden nicht weiser, wenn wir hier sitzen und dem Plaudern der anwesenden ‚Menschenautomaten' zuhören. Wir können doch die Welt in keiner Weise verbessern oder ändern. Alles was geschieht, muß genau so geschehen." — — —

„Aber sehen Sie jetzt nicht ein, wenn Sie ihre eigenen Gedanken bis zum Schluß denken, in welches unsinnige

Abrakadabra (Durcheinander) Sie sich selbst verwickelt haben? Kann man Ihr Gedankengebäude anders bezeichnen als ein großes Irrenhaus, wo man die Atome in den Wänden und im Boden unter seinen Füßen höher schätzt und verehrt als die eigenen menschlichen Gefühle und Gedanken, und diese nur als sinnlosen Reflex ihrer Bewegungen betrachtet?" —

*

In dem großen Saal herrschte nach meinen Worten Totenstille. Kein materialistisch eingestellter Redner konnte etwas gegen meine Ausführungen sagen. Die ganze Stimmung war in eine große Depression umgeschlagen. Die folgende Diskussion verlief im Sande. Sie bestätigte jedoch, was ich immer gesagt habe, nämlich, daß die Materialisten in ihren Gedankengängen immer bequem auf dem halben Wege stoppen und nicht den Mut haben, ihre eigenen Ansichten bis zum Schluß durchzudenken. In diesem von den Materialisten geschaffenen Nebel unklarer Gedanken leben jetzt schlendrianmäßig Millionen und aber Millionen von Menschen, die solche Ansichten hegen, ohne sie zu kritisieren oder die notwendigen Konsequenzen daraus zu ziehen. Aber ihre, alle Lebenswerte unterminierende Wirkung läßt sich doch nicht vermeiden. In dem unterbewußten Seelenleben entwickeln sich solche lebensfeindlichen Gedanken weiter und umklammern wie ein Tintenfisch die Seele mit unzähligen Polyparmen. Dabei töten sie das Beste in jedem so denkenden Menschen. Der oben zitierte Brief gibt uns ein gutes Beispiel dafür. Der Briefschreiber ist augenscheinlich noch in seinen besten und lebenskräftigsten Jahren. Aber wenn diese vorüber sind, und das Alter ihn Schritt für Schritt dieser Kräfte beraubt, enschleiern auch allmählich die materialistischen Vorstellungen ihre Trostlosigkeit. In seinem ausgezeichneten Buch „Der Triumph der Medizin" schildert der Verfasser

Roderich Menzel diesen „Entkleidungsprozeß“ in folgender Weise: —

„Sobald der Mensch zum Bewußtsein erwacht, sobald er erkennt, daß seine Tage auf Erden gezählt sind und jeder Atemzug ihn dem Ende näherbringt, sitzt ihm die Angst vor dem Tode wie ein Gespenst im Nacken. Die wenigsten können den Gedanken ertragen, daß einmal ohne sie geliebt, getrunken, gespielt und gearbeitet wird und die Spur ihrer Erdentage wie Spreu verwehen wird.“

Hier ist unverblümt und ohne Umschweife die nackte Wahrheit zum Ausdruck gebracht. Dahin, zu dieser trostlosen Lebensanschauung führt unvermeidlich letzten Endes die materialistische Anschauung jeden Menschen.

Ohne einen unerschütterlichen Glauben an das Weiterleben der menschlichen Seele wird das Erdenleben sinnlos, und Shakespeares Hamlet hat recht, wenn er sagt, daß ein Mensch, der sein Leben so schnell wie möglich beendet, das Vernünftigste tut, was er überhaupt tun kann.

„Sterben, schlafen, nichts weiter! Und zu wissen, daß ein Schlaf das Herzweh und die tausend Stöße endet, die unseres Körpers Erbteil. Das ist ein Ziel, aufs Innigste zu wünschen! Sterben, schlafen — vielleicht auch träumen, ja, da liegt es . . .“

*

Der Materialist ist überzeugt, daß es kein Fortleben des Menschen gibt. Aber ist das zu verwundern? — Wenn der Körper, der das Werkzeug der Menschenseele war, einmal daliegt, atemlos und kalt, und schnell in Verwesung übergehend . . . wenn er schon nach einigen Tagen übel riecht und voller Fäulnisbakterien ist, die ihre Verschrottungsarbeit unerbittlich solange durchführen, bis sie alles wieder zu Erde verwandelt haben . . . wenn von dem lebendigen Menschen mit seinen spielenden Augen und seiner charakteristischen

Stimme, die vom Morgen bis Abend in einem Fluß von Wörtern so vieles zum Ausdruck gebracht hatte, nicht eine Spur mehr da ist und man vergebens überall nach ihm sucht — ist es dann zu verwundern, daß so viele Menschen den Schluß ziehen, daß mit dem Körper auch alles, was den Menschen charakterisierte, für immer zu existieren aufgehört hat und zu Nichts verwandelt ist? —

Aber dieser Glaube an die vollständige Vernichtung eines Menschen ist doch ein Gedanke, der sich erst später in der Geschichte der Menschheit, erst mit steigender Zivilisation eingenistet hat. Alle primitiven Völker waren fast ohne Ausnahme der Ansicht, daß der Mensch als Geist doch in einer anderen Welt fortleben würde. Der primitive Mensch steht der Natur ja immer näher als der zivilisierte Mensch, der sich durch sein Denken und sein Begriffsleben von der Natur entfernt hat. Deswegen steht auch in der Bibel, daß Gott im Garten Eden einen Baum der Erkenntnis gepflanzt und zu den ersten Menschen gesagt hat: *„Den Tag, da ihr davon esset, werdet ihr des Todes sterben!“*

Das ist auch mit der materialistischen Anschauung wörtlich in Erfüllung gegangen! Die Menschenseele ist unsterblich. Aber in ihren kurzsichtigen Gedanken haben sich die Materialisten selbst sterblich gemacht und sich in ihre falschen Ideen so eingebissen, daß sie schwer davon loskommen können. Zu ihrer Entschuldigung kann man jedoch vorbringen, daß die ganze wissenschaftliche Welt des vorigen Jahrhunderts in denselben Vorstellungen befangen war.

Ein Beispiel aus jener Zeit ist der englische Schriftsteller *Bertrand Russel,* der in seinen Werken immerfort noch von der Vorstellung der Vernichtung der Menschenseele nach dem Tode besessen ist — eine Vorstellung, die heute von so vielen Wissenschaftlern und besonders von hervorragenden Physikern verworfen wird. Wie wir in den Ausführungen des vorigen Kapitels gezeigt haben, ist es die heutige Sinnesphysiologie, die eine vollständige Revolution in die Vorstellungen gebracht hat. Wir zitieren hier nochmals die Festlegung dieser Tatsache, wie sie besonders klar der schwedische Soziologe, *Prof. Gustav T. Steffen*, in seiner „Soziologie" zusammengefaßt hat: —

„Für den Astronomen, Physiker, Chemiker und Biologen ebenso wie für den Psychologen und Soziologen muß es bei näherem Nachdenken ganz klar werden, daß die Tatsachen, welche sie beobachten, vergleichen und ordnen, in Wahrheit nichts anderes sind, *als seelische Tatsachen:* — in solche verwandelte Sinneswahrnehmungen, Vorstellungen, Begriffe, Gefühle und Willensäußerungen. Alle die verschiedenen Wissenschaften sind also nichts anderes als ein sorgfältiges Zusammenbringen, Ordnen, Vergleichen und Klären von den verschiedenen Arten von rein individuellen Erlebnissen. *Außerhalb dieser Erlebnisse kommen wir niemals. Mit allem, was wir wahrnehmen und erleben können, erleben wir im letzten Grunde nur uns selbst.* Die Wissenschaft als die größtmöglichst klare, vollständige und geordnete Kenntnis ist, im Lichte dieser Tatsache betrachtet, immer nur *eine Kenntnis von uns selbst — eine Kenntnis von Zuständen und Zustandsveränderungen in uns selbst.*"

Weiter können wir nicht kommen! Also, die Wissenschaft selbst ist nichts anderes als eine Erkenntnis von uns selbst, eine Erkenntnis vom Zustand und der Veränderung des Zustandes in uns selbst. Wir können niemals über diese Grenze hinauskommen. Der Ausgangspunkt aller unserer Untersuchungen und unserer Versuche, das Leben und das Weltall zu verstehen, bleibt einzig und allein *unser eigenes Ich.*

Der große franzöisische Philosoph *Descartes*, der mit seiner Philosophie in der Eingangspforte der neuen Zeit steht, legt schon in seinem berühmten Ausspruch diese Wahrheit fest:
„Cogito ergo sum = ich denke, also bin ich."

Aber denken ist doch erst eine spätere Erscheinung in der Entwicklung des Menschen. Zuerst war das Gefühl! *Das Vermögen, Freude und Schmerz zu empfinden, ist in jedem Menschen das ursprünglichste Zeichen des Lebens — und auch das unergründlichste.* Warum müssen wir Gefühle haben, warum Schmerzen leiden und bei entgegengesetzten Eindrücken Freude empfinden? Hier haben wir die ursprünglichste Polarität, die den Menschen erst zum Menschen macht.

Weh und Freude zu empfinden, ist das größte Urphänomen und ein unabtrennbarer Teil des Ich, das heißt des menschlichen Wesens. In diesem Ich entstehen nachher Vorstellungen, die kommen und gehen und über unser seelisches Gewölbe ziehen wie die Wolken am Himmel. Dazu gehört auch die Vorstellung, die wir uns von unserem Körper gebildet haben, mit der wir aber niemals fertig werden können. Was sind letzten Endes alle die Millionen von Büchern, die über den Körper geschrieben worden sind, anderes, als Tausende und aber Tausende von Vorstellungen von diesem Phänomen „Körper", die jedoch niemals über die Schwelle einer Vorstellung hinauskommen können?

Ich kann jetzt viele Leser mit der Einwendung kommen hören: „Aber mein Körper ist doch etwas Greifbares!" Aber was ist etwas „Greifbares" anderes als ein Bündel von Eindrücken — Erlebnissen in unserer Seele, die sich bei der Analyse in Gefühlsempfindungen von Widerstand, Druck, Wärme, Kälte, Schmerz, Hunger, Durst, Geschlechtsempfindungen usf. zerlegen lassen — also doch nichts anderes sind als *Erlebnisse in unserer Seele.* Alle diese Empfindungen und Erlebnisse zusammen bilden die Vorstellung, die wir unseren Körper nennen. Aber trotzdem bleibt er doch nur eine Vorstellung und ein Erlebnis unter tausend anderen, von denen wir nichts weiteres wissen können, als daß sie Erlebnisse in unserer Seele sind, weil wir über die Grenze unseres inneren Wahrnehmungsvermögens niemals hinauskommen können.

In dieser von uns selbst geschaffenen Welt sind wir für immer eingeschlossen. Die Außenwelt, so wie wir sie kennen, bleibt, wie Dr. Wyneken festgelegt hat, *„ein aus uns heraus verlegter Bewußtseinszustand"*.

Wir mögen niemals vergessen, daß dies die Festlegung einer unerschütterlichen Urtatsache ist, und daß sie zum Urgrund all unseres Wissens wurde, auf dem sich alles Erkennen aufbauen muß. Deshalb können wir auch niemals uns selbst, das heißt unser Ich, mit Hilfe von einigen von diesem „Ich" geschaffenen Vorstellungen erklären und zum Beispiel sagen: „Mein Ich ist nur eine Erschaffung meines Körpers", während doch der Körper selbst nur eine von uns erschaffene Vorstellung in unserem Ich ist und es für immer bleibt.

Um dies mit einem Bild klarzumachen, können wir sagen, daß ein Maler sich niemals als das Produkt seines Gemäldes erklären kann. Ein Maler, der etwa zu den Menschen, die sein Gemälde bewundern, sagen würde: „Sehen Sie, meine Damen und Herren, dieses Gemälde mit seinen Farben und Formen hat aus sich selbst heraus mich geschaffen. Ich bin also in Wirklichkeit nichts anderes als ein Produkt dieses Gemäldes!" — Ein solcher Maler würde zweifellos als irrsinnig betrachtet und in ein Irrenhaus gebracht werden.

Aber ist nicht auch unsere Auffassung von unserem Weltall und seinem Urheber ebenso unsinnig? Wir Menschen sind durch unsere seelische Konstitution immer zum kausalen Denken verwiesen. Also suchen wir eine Ursache dieses Weltalls. Und da der ganze Kosmos eine Einheit bildet, und wir Menschen uns selbst als Seele empfinden, können wir nicht anders, als auch eine Weltseele als Urheber des Weltalls zu denken. Was würden Sie von einem solchen Urheber sagen, wenn er in der Betrachtung seines Weltalls zu dem Schluß kommt, daß er selbst nichts anderes ist, als eine Projektion seines eigenen Weltalls, und daß dieses Weltall, nachdem er es geschaffen hat, rückgängig sich selbst zum Urheber seines Urhebers gemacht hat? — Aber solchen irrsinnigen Gedankengängen ist jeder Materialist anheimgefallen, der sich selbst als ein Produkt der von ihm selbst geschaffenen Außenwelt erklärt! Oder um es noch klarer zu machen: Erst erzeugt das Ich die Außenwelt als einen aus sich heraus verlegten Bewußtseinszustand. Dann erklärt das Ich sich selbst in rückgängiger Weise als ein Produkt seines eigenen Gedankengebildes! Lautet dies nicht alles ganz irrsinnig? —

Aber lassen Sie uns weitergehen!

An der Wurzel des Ich liegen doch nicht Gedanken, sondern *Gefühle*. Gefühle sind die Urerscheinung. Sie sind viel wichtiger als Gedanken. Wie Dr. Wyneken in den meisterhaften Ausführungen in seinem Hauptwerk „Weltanschauung“ gezeigt hat, können wir niemals mit Hilfe unserer Gedanken das Welträtsel lösen. In unserem Fühlen aber stehen wir der Quelle des Weltalls viel näher. Dafür kann uns schon die Musik ein Beweis sein. Was ein Mensch in den reifsten Erscheinungen des musikalischen Schaffens erleben kann, führt ihn sowohl dem Kern seines eigenen Wesens, als auch dem Urquell des Weltalls viel näher, als alles, was wir in unserem Denken zerlegen und umfassen können. Während das Denken sich immer nur an der Oberfläche der Erscheinung bewegt, kann uns eine einzige Messe von Palestrina himmelhoch über alle Gipfel unseres Gedankenlebens erhöhen. Es ist bezeichnend, daß die Erlebnisse solcher entrückter Stunden niemals in Begriffe gekleidet und nie durch Gedanken gefaßt, zerlegt und erklärt werden können.

Deswegen müssen wir das Gefühlsleben immer als das Höchste und Beste in uns betrachten, es achten, verehren, hüten und pflegen.

In ihrer jetzigen Überschätzung des Gedankenlebens auf Kosten des Gefühlslebens ist die ganze zivilisierte Menschheit vollständig in die Irre gegangen. Man hat die Gefühle als etwas Ephemeres, Flüchtiges, Vorübergehendes, die Gedanken dagegen als das Wichtigere und Bestehendere betrachtet. In Wirklichkeit ist es ganz umgekehrt! Wer sein Gefühlsleben vernachlässigt und verachtet, hat seine Erstgeburt verkauft, ja verschleudert. Das tun wir selbst aber täglich, wenn wir aller seichten Unterhaltung lauschen, die das Radio uns vom Morgen bis zum Abend vermittelt, oder wenn wir unsere so kostbaren Minuten auf dieser Erde mit Klatsch, mit Detektiv- und Mordgeschichten ausfüllen, um die Zeit totzuschlagen. Auf diese Weise wird das Gefühlsleben jedes Menschen so verflacht und seicht, daß er sich von den großen kosmischen und geistigen Strömungen abschneidet und wie ein Maulwurf ohne Augenlicht in einer selbstgewählten irdischen Nacht umherwühlt.

Warum wird Goethe von allen Menschen in Deutschland so hoch geschätzt und gern zitiert? Sicher auch deswegen, weil er wirklich das Vorbild eines Gefühlsmenschen war, der niemals die Verbindung mit dem Urquell des Lebens verloren hat. Dadurch konnte er auch sagen:

Die uns das Leben gaben, herrliche Gefühle
erstarren in dem irdischen Gewühle. — Und:
Wenn ihr's nicht fühlt, ihr werdet's nicht erjagen.

*

Das Welträtsel können wir also niemals mit unseren Gedanken lösen, nur der Lösung mit Hilfe unserer gereinigten Gefühle näher und näherkommen.

Das hat auch der Schriftsteller *Ivar Lissner* erlebt, wenn er in seinem Kommentar zu Hiobs Buch (1953) schrieb: —
„Die einzige Gewißheit, die wir haben, bleibt: daß nichts im Kosmos verloren geht, daß Du nicht verloren gehst und

ich nicht. Und daß d a s r e i n e H e r z *der einzige Schlüssel zu diesem allen ist.“*

Das Herz ist das Symbol für unser Gefühlsleben, wie das Gehirn das Symbol für unser Gedankenleben ist.

Unser Gefühlsleben ist das Heiligste, das es für uns Menschen geben kann. Nie darf es verschwendet, nie durch banale Gewohnheiten verwässert und abgestumpft werden. Die Grundvoraussetzung dafür sind gesunde und einfache Lebensgewohnheiten und vor allem ein sauberer, richtig ernährter und gepflegter Körper, *dem alle giftigen Genußmittel ferngehalten worden sind.* Hierzu hat der sehr oft hellhörige Philosoph *Friedrich Nietzsche* im „Zarathustra“ die schönen Worte gefunden: —

„Hört mir lieber, meine Brüder, auf die Stimme des gesunden Leibes: eine redlichere und reinere Stimme ist dies.“

„Redlicher redet und reiner der gesunde Leib, der vollkommene und rechtwinklige: und er redet vom Sinn der Erde.“

„Wissend reinigt sich der Leib; mit Wissen versuchend erhöht er sich; dem Erkennenden heiligen sich alle Triebe; dem Erhöhten wird die Seele fröhlich.“

Aber wie könnte ein Körper, der täglich von 20 bis 100 verschiedenen, *nicht zu seinem ursprünglichen biologischen* Haushalt gehörigen Fremdstoffen überladen und vergiftet wird, noch „vom Sinn der Erde“ reden? Wie kann die Stimme des Leibes rein sein, wenn er mit Giften wie Tabak, Kaffee, Tee, Schokolade, Fleisch, Fisch, Eier, Salz und scharfen Gewürzen, die ja auch wie Gifte wirken, angefüllt wird?

Der Sinn aller körperlichen Entwicklung ist *Vollendung im Strukturaufbau und ein reibungsloses organisches Funktionieren,* das nur durch Reinheit erreicht werden kann. Ein gereinigter Körper ist aber wiederum auch der beste Schlüssel zum wahren Wissen. Wir können sagen, daß in allen zivilisierten Ländern, so wie die Menschen jetzt leben, die

Quellen des Lebens vergiftet sind. Das beweisen deutlich genug unser Krankheitselend und die Notwendigkeit, stets neue riesige Krankenhäuser bauen zu müssen. Das hat besonders auch die Waerland-Bewegung, die versucht, die ursprüngliche biologische Lebensweise wiederherzustellen, in Tausenden und aber Tausenden von Fällen gezeigt.

Als ich bei meiner ersten großen Vortragsreise in Deutschland die berühmte Pianistin Elly Ney traf, grüßte sie mich mit folgenden Worten:

„Seit zwanzig Jahren habe ich alles getan, um gesund zu leben und mich so richtig wie möglich zu ernähren, nach den mir bekannten Richtlinien. Aber ich habe keineswegs das erreicht, was ich suchte. Dann kamen Sie nach Deutschland mit Ihrem Lebensführungs- und Ernährungssystem. Nachdem ich ein Jahr lang Ihren Prinzipien gefolgt bin, fühle ich mich wie neugeboren, mit einer auch in meinem Alter fast unerschöpflichen Energie und Leistungsfähigkeit. Ich bedauere nur, daß ich Ihr System nicht früher gekannt habe. Was hätte ich dann nicht als Künstlerin noch erreichen können!"

Wenn nun Tausende und aber Tausende von Menschen genau dieselben Erfahrungen gemacht haben und sie in Wort und Schrift bestätigen, und so viele von ihnen besonders von den geistigen Strömungen sprechen, mit denen sie, wie schon erwähnt, durch gereinigtere, sensiblere Aufnahmeorgane in Berührung gekommen sind, dann kann man sagen, daß die Visionen, denen Nietzsche in seinen berühmten Worten Ausdruck gegeben hat, auf dem Weg zur Verwirklichung sind.

Wir müssen den Körper als Resonanzboden des Geistes betrachten, der das Gefühlsleben des Geistes verstärkt, erhöht, lebhafter und ausgeprägter macht. In dieser Weise beginnt sowohl der Geist wie der Körper mit den höheren kosmischen Strömungen zu vibrieren, und wir werden allmählich den geistigen Quellen der Schöpfung immer nähergeführt.

Eine wesentliche Voraussetzung hierfür ist ferner unsere eigene Einstellung zum Weltall und seinen geistigen Urquellen, die sich immer *auf ein absolutes Vertrauen* in das Ziel und den Sinn der Weltentwicklung und des menschlichen Lebens gründen muß. Hierzu hat wieder der große Seher Nietzsche — vielleicht ohne dessen gewahr zu werden — eine tiefe Wahrheit ausgesprochen:

„Aber sagt mir doch, meine Brüder: wenn der Menschheit das Ziel noch fehlt, fehlt da nicht auch — sie selber noch?" —

Der Mensch, der an kein Ziel der Weltentwicklung glaubt, ist selbst ziellos und kann sein wirkliches Wesen nicht finden. Denn dazu gehört unbedingt ein bewußtes Zusammenarbeiten mit dem Ziel und Sinn der kosmischen Entwicklung, die in allen Beziehungen zur Vollendung strebt. Aber wenn man jeden Sinn und jedes Ziel in dieser Entwicklung von Anfang an überhaupt verneint, wie kann man da jemals Ziel und Sinn für das eigene Leben finden? Alles dies zu verneinen, wie die Materialisten es tun, ist gleichbedeutend damit, sich selbst von der Verbindung mit allen kosmischen Quellen und den Wachstumskräften seines eigenen Wesens auszuschalten.

Ist es nicht Vermessenheit, wenn ein so kleines lebendes Wesen wie der Mensch auf dieser Erde, die selbst wieder nur ein Staubkorn unter Milliarden und Milliarden anderer Planeten und Sonnen im Kosmos ist, ohne weiteres die Ansicht ausspricht, daß dieses grandiose, unfaßbare Weltall in Wirklichkeit ohne Ziel und Sinn durch Jahr-Äonen in endlosen Räumen vorwärts gestürzt ist? Und daß es bei diesem Sturz nur „durch eine Zufälligkeit" uns Menschen das Leben gegeben haben soll?

Ist es nicht anmaßend, zu sagen, daß wir selbst mit Hilfe unseres Intellekts erstmals auf diesem Erdball und erstmals in der kosmischen Entwicklung *Zielstrebigkeit* eingeführt und wenigstens unserem kurzen Leben auf der Erde damit „einen vorläufigen Sinn" gegeben haben sollen? — Denken Sie nur einige Minuten darüber nach, und Sie werden selbst das Lächerliche in dieser Anmaßung sehen!

Selbstverständlich muß schon von Anfang der Weltentwicklung an Zielstrebigkeit und Sinn als Grundlage der ganzen kosmischen Entwicklung dagewesen sein. Ist der Mensch in seiner seelisch-körperlichen Struktur und seinem Aufbau ein kleiner Kosmos — ein Kosmos in Miniatur oder *Mikrokosmos* — und deswegen ein Abbild des Strukturaufbaues des größeren Kosmos, des *Makrokosmos* selbst, so können wir daraus den Schluß ziehen, daß alle die Eigenschaften und Qualitäten, die wir an einem Menschen finden, wie Goethe sagt, nur ein Gleichnis von dem sind, was wir im Makrokosmos finden können.

Hier stoßen wir auf die große Frage von Raum und Zeit. Es gibt im Weltall keine Grenzen im großen und kleinen, weder in Raum, noch in Zeit. Wie bereits erwähnt, gibt es in unserem Körper so kleine Zellen, daß nicht weniger als zehntausend von ihnen in einem einzigen ausgehöhlten Sandkorn Platz finden können. Ein Sandkorn selbst ist ein Bau von Millionen von Atomen und Milliarden von Elektronen. Ein Stuhl zum Beispiel ist nicht das, was wir vor uns sehen, sondern ein Bau von Atomen, die in so großen Abständen voneinander im Holz liegen, wie — bildlich gesprochen — die Sterne im Weltall. In Wirklichkeit ist der Stuhl ein luftiger Aufbau von Kräften, die die Atome zueinander ziehen und gleichzeitig voneinander abstoßen und so immer auf denselben Abstand voneinander halten. Könnten wir diese Atome bis zur Größe eines Stecknadelkopfes ausdehnen, so würden wir finden, daß die Abstände zwischen ihnen im Vergleich damit so groß werden wie zum Beispiel die Entfernung von Berlin nach München. Man hat auch gesagt, daß, könnten wir entgegengesetzt die Abstände zwischen den Atomen, die unsere Erde aufbauen, auf Null reduzieren, so könnten wir alle diese Atome ganz gut in einem Gebäude wie dem Kölner Dom unterbringen. Die Atome sind ja selbst von Atomkernen und den sie umkreisenden Elektronen aufgebaut. Könnten wir auch diese Abstände auf Null reduzieren und alle Elektronen, die zum Beispiel das Eisen aufbauen, aneinanderlegen, so könnte der gesamte Eisenvorrat der Erde in einer einzigen Zündholzschachtel Platz finden!

Was hindert uns dann, auch den ganzenKosmos mit seinen enormen Abständen zwischen den verschiedenen Sternen und unzähligen Milchstraßen als einen einzigen Riesenorganismus zu sehen, der — bildlich gesprochen — genau in derselben Weise aufgebaut ist wie ein Menschenwesen, das grundsätzlich aus Geist, Seele und Körper besteht. Und als Folge davon könnten wir das Universum als den großen Organismus denken, der sich wohl in derselben Weise zusammensetzt, von dem wir aber mit unseren Sinnesorganen nur das fassen können, was wir die materielle Seite nennen, in der Form von Sonnen mit ihren Planeten und Milchstraßen, während wir uns das Seelische im Weltall mit Hilfe unserer eigenen Seele vorstellen und das Geistige nur durch unsere tiefsten und heiligsten Gefühle, unseren Geist erahnen können.

Was wir bisher an Ziel und Sinn in unserem Leben gefunden haben, ist deshalb nur ein kleiner Ausdruck für die zielbewußten geistigen Kräfte, die wir hinter der Entwicklung dieses grandiosen kosmischen Organismus ahnen. Es ist auch unmöglich, uns selbst körperlich und seelisch zu vervollkommnen, ohne daß wir ein absolutes Vertrauen auf seine Ziele und einen Glauben an seinen Sinn haben. Erst dann erwacht in uns das geistige Sehen, das man mit einem französischen Wort „clairvoyance" nennt, und das dem Menschen eine neue Anschauung vom Leben und neue Visionen von der Weltentwicklung gibt, die die Grundlage aller seelischen Vervollkommnung bilden.

Zu diesen Visionen gehört besonders ein unerschütterlicher Glaube an die Unzerstörbarkeit der Menschenseele, wie es uns Patience Worth in dem schönen Zitat ausdrückt, das wir in unserem ersten Kapitel wiedergaben.

Der Glaube an die Unsterblichkeit und Unzerstörbarkeit der Menschenseele ist also für jede menschliche Entwicklung so wichtig, daß man sagen kann, daß ohne diesen Glauben die ganze Menschheit ihre Aufgabe auf Erden vollständig verfehlt hat und sich selbst den Untergang bereitet. Denn ohne die Führung durch einen solchen Glauben wird das, was wir das Tier im Menschen nennen, niemals überwunden und kann so übermächtig werden, daß jeder zum Feind des andern wird und alle Bänder zwischen Menschen zerrissen werden, Egoismus und Genußsucht überhandnehmen und dadurch schließlich die ganze Menschheit zugrunde geht.

Ohne eine solche Vision und einen unerschütterlichen Glauben an die Unsterblichkeit der Seele gibt es auch keine Möglichkeit, eine lebensfördernde Gesellschafts- oder soziale und religiöse Moral zu gründen, ohne welche der Mensch das nicht in sich entwickeln kann, was Künkel in seinem schon früher zitierten goldenen Buch „Der furchtlose Mensch" so schön ausgedrückt hat: —

„Die innere Wandlung von Stoffgebundenheit zur Selbständigkeit, von der Abhängigkeit zur Meisterschaft, von der ‚Ich-Verhaftung' zur Weltenweite ist der Sinn des Menschenlebens. Wer sich gegen diesen Sinn verschließt, verleugnet die Wachstumskräfte der Natur, die über sich hinauswachsen wollen, und gerät ins Stocken."

*

Wir haben alle in uns ein kleineres und ein größeres Ich. Dieses kleinere Ich ist nur eine Vorstellung unter anderen Vorstellungen in unserer Seele. Es hat sich stets als Gegenpol gegen unser größeres Ich zu erheben und diesem entgegenzuarbeiten versucht.

Unser größeres Ich können wir niemals mit unseren Gedanken erfassen. Es ist ebenso unbegreiflich und unermeßlich wie das Leben und das Weltall selbst. In diesem größeren Ich liegt der Kern unseres Wesens verborgen.

Das kleinere Ich ist veränderlich und vergänglich, das größere Ich unvergänglich und ewig. Zwischen diesen beiden Polen pendelt unser Leben auf Erden immer ebenso wie die ganze Menschheit zwischen Materie und Geist.

Zu dem kleineren Ich gehört Stoffgebundenheit, Abhängigkeit von der Außenwelt und Selbstsucht; wogegen geistige Selbständigkeit, Selbstbeherrschung, Selbstlosigkeit und Glaube an den Sinn des Lebens uns näher dem Kern unseres Wesens bringen und das zum Ausdruck kommen lassen, was in unserem größeren Ich verborgen liegt. Das kleine Ich, das die Materie durch seine Stoffgebundenheit zu seinem Gott gemacht hat, ist gewöhnlich ganz zufrieden mit Essen und Trinken und Leben-Genießen, und verlangt nichts weiter. Oder wie die Menschen in Sodom und Gomorrha zueinander sagten: „Lasset uns essen und trinken und dann des Todes sterben!"

Zu diesem Tode eines langsamen Ausrottens sind jetzt alle die zivilisierten Völker durch ihre Genußsucht und die darauf aufgebaute Lebensweise und Lebensanschauung verdammt.

Lebensanschauung und Lebensweise gehen immer Hand in Hand. Nur durch eine veränderte Lebensanschauung können wir letzten Endes auch unsere Lebensweise ändern und die Menschheit dadurch retten.

Die Grundlage dafür ist aber gerade der unerschütterliche Glaube an die Unsterblichkeit der Menschenseele.

Die ganze Menschheit ist jetzt zu dem Zeitpunkt gekommen, an dem sie in ihrem immer wachsenden Krankheitselend und ihrer Seelennot die Frage vom Weiterleben der Seele lösen oder zugrunde gehen muß.

Aber die Lösung ist schon da. Sie ist seit Tausenden von Jahren dagewesen, ohne daß andere als nur die geistig am höchsten Entwickelten, Klarsehenden und Hellhörigen sie erlebt haben. Doch jetzt gilt es nicht mehr nur diesen Wenigen! Die Frage hat sich zu einer allgemein menschlichen Frage erhoben. Die ganze Menschheit klopft nun an die Pforte zu den Welten, in welchen einzig und allein die Lösung dieser großen Frage gefunden werden kann.

VI] Gibt es ein Leben nach dem Tode?

Kann der Spiritismus uns eine Antwort geben?

Der Mensch ist das wunderbarste Geschöpf der Natur. Er kann nicht begreifen, was Körper ist, weniger noch, was Geist ist; und am wenigsten, wie ein Geist mit dem Körper verbunden sein kann. Es ist dies der Gipfel der Schwierigkeit. Und doch besteht darin sein Wesen.

PASCAL

Wir haben in den früheren Kapiteln gesehen, daß das was wir unseren Körper nennen, nur eine Vorstellung unter tausend und aber tausend anderen in unserer Seele ist. Und daß man trotz allen Untersuchungen, die man durch Jahrtausende gemacht hat, um diese Vorstellung zu erhärten und endgültig zu befestigen, nicht zu einer zufriedenstellenden wissenschaftlichen Lösung dieses Problems gekommen ist. Es ist im Gegenteil so: je mehr man sich damit beschäftigt, desto rätselhafter wird die Erscheinung, die wir unseren Körper nennen.

Der naive Mensch betrachtet seinen Körper wie einen Gegenstand unter anderen, und sich selbst als gleichbedeutend mit diesem Gegenstand. „Ich bin mein Körper. Mein Körper hat mich geschaffen“ — meint er. — „Ich bin nur ein Reflex ... ein Spiegelbild dessen, was in meinem Körper vor sich geht" — erklärt der Materialist. „Ich bin nur ein zufälliges Erzeugnis des Spiels der Atome in meinem Körper", verkündigten die Atomisten des alten Griechenlands, die die Atome zum Urbestandteil und Urbaustein des Universums und des Lebens gemacht hatten. Auch die meisten Naturwissenschaftler, die auf dem Standpunkt des naiven Realismus stehen, halten gewöhnlich den Körper für einen Gegenstand unter anderen Gegenständen, der eine bestimmte dauerhafte Form, der Gewicht und Bestand hat, ohne zu beachten, daß er grundsätzlich *ein Geschehnis* ist, und daß wir — um ein Bild zu gebrauchen — ihn mit einem Fluß vergleichen können, der innerhalb der Form des Körpers als seinem Flußbett fließt. Alles in unserem Körper ist jedoch jede Minute und Sekunde in „flux", wie die alten römischen Philosophen sagten. Der Körper „fließt". In 24 Stunden muß jeder normale gesunde Körper drei Liter Flüssigkeit durch Nieren, Dickdarm, Haut und Lungen absondern. Aber im Körper ist nicht nur ein Strom von Wasser, sondern auch ein Nahrungsstrom und Luftstrom. Alles, was wir zu uns nehmen, strömt unaufhörlich durch den Körper und verteilt sich auf die verschiedenen Organe, um danach durch besondere Ausscheidungsorgane abgesondert zu werden.

Am interessantesten ist der konstante Luftstrom, den wir mit Hilfe unserer zwei großen Blasebälge, unserer Lungen, in ruhender Stellung durchschnittlich 16mal in der Minute durch unseren Brustkorb treiben. Wir sind von diesem Luftstrom so abhängig, daß wir ihn nur drei oder höchstens vier Minuten stoppen können, ohne unser Leben aufs Spiel zu setzen. Unterbrechen wir den Luftstrom mehr als fünf Minuten, so tritt der Tod durch Ersticken ein.

Den Wasserstrom können wir höchstens zwei oder drei Wochen entbehren, ohne daß der fürchterliche Tod durch Verdurstung eintritt, der die Menschen in der Wüste schon vorher zum Wahnsinn treibt.

Ohne zu essen können wir höchstens hundert Tage leben, vorausgesetzt, daß wir dem Körper in ausreichender Menge Luft und Wasser zuführen. Der Körper lebt dann von seinen eigenen Geweben, die er allmählich verzehrt, bis schließlich bei fortgesetztem Nahrungsentzug der Tod eintritt. Wir leben also nur so lange, wie dieser Lebensstrom in unserem Körper unbehindert weiterfließen kann.

Das Leben ist im Weltmeer als eine mikroskopisch kleine Urzelle entstanden. Deswegen müssen auch alle Zellen in unserm Körper in Flüssigkeiten leben. Wir tragen ja in unserem Körper stets einen kleinen See, der drei Viertel unseres Körpergewichts ausmacht und in welcher unsere 30 Billionen Zellen wie Inseln schwimmen. Dieser See muß immer eine Zufuhr von mindestens drei Liter Flüssigkeit täglich haben, um die gleiche Menge absondern zu können. Der Flüssigkeitsstrom ist der große Regulator unseres Stoffwechsels, den unser Nahrungsstrom auslöst. Beide müssen immer eine reichliche Zufuhr von Sauerstoff haben, um alle Verrichtungen der verschiedenen körperlichen Organe — besonders den körperlichen Wärmehaushalt und die Energiezufuhr — aufrechthalten zu können.

Im Körper können wir keinen einzigen Punkt finden, der nicht immer innerlich in ständiger Bewegung ist und sich dauernd verändert.

Vergessen wir deshalb nie, daß unser Körper grundsätzlich und vor allem ein Geschehnis ist — ein Fluß, der während des Fließens sein eigenes Flußbett in der Form des Körpers bildet und bis zu seinem Tode aufrechterhält, um es dann wieder abzubauen und alles Baumaterial der Erde, dem Weltmeer und dem Luftmeer wiederzugeben.

*

Da nun aber der Körper selbst eine Vorstellung und ein Erlebnis unter tausenden und aber tausenden von anderen seelischen Vorstellungen und Erlebnissen in unserem „Ich“

ist, können wir fragen: Was geschieht mit diesem „Ich“ nach dem Auflösen und Verschwinden des Körpers? — Verschwindet nicht dann auch unser Ich? — Sicher nicht, denn es ist vom Körper grundsätzlich verschieden.

Ist der Körper ein Strom von Wasser, Stoff und Luft, der außer seinem „Flußbett“ nichts Dauerndes hinterläßt, so ist die Seele ein Strom von Gefühlen, Gedanken, Vorstellungen, Ideen und geistigen Erlebnissen, die aber im Gegensatz zum Körper ihren „Strom“ nach Belieben anhalten und in ihren unermeßlichen bodenlosen Gedächtniskammern stauen kann — darunter auch alle Vorstellungen von ihrem eigenen Körper.

Die materialistisch eingestellten Naturforscher haben vergeblich versucht, das menschliche Gedächtnis an den Materiestrom des Körpers anzuknüpfen und es in dieser Weise zu etwas Stoffgebundenem zu machen, was schon daran scheitern muß, daß der Menschenkörper nichts Konstantes ist, sondern seine Materie in sieben Jahren vollständig umsetzt. Nach sieben Jahren ist nicht ein einziges Atom mehr da, von allen denen, die vorher Bausteine im Körper wären und an seinen Verrichtungen teilnahmen.

Die weichen Gewebe und besonders das Gehirn setzen sich am schnellsten um. Man könnte das Gehirn mit einem mit Blut gefüllten Schwamm vergleichen. Im allgemeinen setzen sich die weichen Gewebe bereits in drei Monaten um, die dauerhafteren in spätestens drei Jahren und die Knochen in sieben Jahren. Wäre das Gedächtnis etwas Körperliches oder an Körperliches geknüpft, so könnten wir uns an nichts erinnern, das mehr als sieben Jahre zurückliegt.

In ihrer Not haben dann die materialistisch eingestellten Naturforscher und Mediziner versucht, die Ganglienzellen des Gehirns zu etwas Dauerhaftem im Körper zu machen und an sie das Gedächtnis zu knüpfen, ohne zu bedenken, daß, wenn auch die Form dieser Zellen bestehen bleibt, ihre Materie sich doch wie alle lebende Materie in einem unaufhörlichen „flux", einem stetigen Umsatz und einer konstanten Erneuerung aller ihrer Bestandteile befinden muß.

In diesem konstanten Strom von chemischen Elementen können wir deswegen keinen einzigen Punkt finden, an den wir körperlich unser Gedächtnis heften könnten. Deshalb ist auch ein großer leitender Zellenforscher wie *Alexis Carrel* zu dem Schluß gekommen, daß das Gedächtnis unmöglich etwas mit dem Körper zu tun haben kann, sondern grundsätzlich etwas Außerkörperliches, Seelisches ist. Wäre das Gedächtnis an den Körper gebunden, so könnte ich jetzt (1953) mich an nichts erinnern, das über sieben Jahre zurück, also vor 1946 liegt. Und doch kann ich mich in meinem Alter von 78 Jahren an tausende und aber tausende von Eindrücken aus meiner ganzen Lebenszeit, angefangen von den ersten Kinderjahren, so gut bis in Einzelheiten erinnern und sie im Gedächtnis so klar aufs neue erleben, als wäre dies alles erst geschehen. Ich kann meine liebe Mutter, wann ich will, vollkommen lebhaft vor mir sehen, wie sie lächelt und scherzt, und ich kann ihre Stimme hören. Und doch habe ich in der Zeit seit ihrem Tod meinen Körper wenigstens fünfmal so vollständig umgesetzt, daß kein einziges Atom aus diesen Jahren erhalten blieb.

Hier haben wir also die erste grundlegende Verschiedenheit zwischen Körper und Seele! Den körperlichen Strom können wir niemals aufhalten, ohne den Körper zugrunde zu richten, *aber den seelischen Strom von Erlebnissen halten wir unaufhörlich an und laden alles, was er mit sich bringt, unaufhörlich in unserer bodenlosen Vorratskammer — unserem Unterbewußtsein — ein.*

Nun kann ich meine Leser einwenden hören: Von allen diesen, in dem unterbewußten Gedächtnis angesammelten Erlebnissen kann ich mich doch nur verhältnismäßig weniger erinnern!

Das kommt davon, daß *unsere Aufmerksamkeit* wie ein

Scheinwerfer arbeitet, der immer nur einen gewissen Teil aufleuchten läßt, während die große Menge des übrigen Vorrats im Gedächtnis wohl da ist, aber in Dunkel gehüllt bleibt. Man kann jedoch den Scheinwerfer der Aufmerksamkeit so lenken und verstärken — besonders durch hypnotische Mittel —, daß sich nach Belieben jedes Erlebnis aus dem Dunkel greifen läßt. Die modernen Untersuchungen haben ausnahmslos den Beweis erbracht, daß unser unterbewußtes Gedächtnis immer vollständig ist und daß nicht ein einziges Ereignis verlorengehen kann. Ja, nicht nur ein Ereignis oder Erlebnis, sondern auch jeder Eindruck, jedes beliebige Wort, das man einmal gehört oder gelesen hat, jede Farbe, jeder Duft, jede Stimmung, die man einmal aufgenommen hat, wird gleichsam wie die Stimme in einer Grammophonplatte eingegraben und aufbewahrt.

Ich werde hier zwei Beispiele geben! In einem französischen Krankenhaus fand man, daß ein 16jähriges Mädchen im hohen Fieber plötzlich lange Stücke in fremden Sprachen erzählte. Sie wurde von Psychologen und Sprachforschern beobachtet und diese konnten feststellen, daß sie Fragmente aus lateinischen und griechischen Werken wiedergab, ja sogar hebräische Zitate. Alles dies wurde aufgezeichnet. Durch die weiteren Untersuchungen konnte man herausbringen, daß sie als Kinderpflegerin einige Jahre in einem Pfarrhaus zugebracht hatte. Der Pfarrer hatte die Gewohnheit, jeden Tag laut in seinen klassischen und hebräischen Büchern zu lesen, während das Mädchen mit den Kindern anwesend war. Sie hatte selbstverständlich niemals diese Sprachen studiert und konnte selbst ihre eigene Sprache nur mittelmäßig beherrschen.

Von Dänemark haben wir ein Beispiel von einem Mädchen, das niemals in Schweden gewesen war, und das ebenfalls im Fieberzustand plötzlich auf schwedisch zu predigen begann. Auch sie hatte einige Jahre in Dänemark in einem Pfarrhaus zugebracht, in welchem der Pfarrer die Gewohnheit hatte, schwedische Predigtbücher laut zu lesen, um sich in der schwedischen Sprache zu üben.

Wie oft erzählen nicht Chirurgen, daß hochgebildete Patienten auf dem Operationstisch unter der Narkose längst vergessene Ereignisse aus ihren Kinderjahren mit ihrer Kinderstimme erzählen, daß sie scherzen und lachen, ja auch Operettenschlager und Gassenhauer singen. Beim Erwachen aus der Narkose können sie sich an nichts erinnern und sind sehr erstaunt, wenn ihnen die Operationsschwester davon erzählt.

Aber den entscheidenden, unumstößlichen Beweis für die Unerschöpflichkeit und absolute Zuverlässigkeit des unterbewußten Gedächtnisses gibt doch die Hypnose. Fragen wir z. B. jetzt (1953) zehn erwachsene Menschen, was sie am 15. Juni 1935 getan haben, so können sie nichts erwidern. Aber hypnotisiert man diese Menschen, so können sie meist eine vollständige Beschreibung von allen Geschehnissen dieses Tages in allen Einzelheiten geben. Natürlich glückt das Experiment nicht unfehlbar in allen Fällen, aber doch in einer so ausreichenden Anzahl, daß die Tatsache dadurch bestätigt wird.

Die alte naive Vorstellung, daß Körper und Seele gleichbedeutend wären oder die Seele nur ein Reflex oder Spiegelbild von den körperlichen Geschehnissen, ist deswegen längst überholt. Wir können das Problem von Körper und Seele nicht in anderer Weise lösen, als indem wir sagen, daß wir es hier wieder nur mit einer Erscheinung der durchgehenden Polarität unseres Lebens zu tun haben, in der Seele und Körper in einem polarischen Gegensatz zueinander und in enger Verbindung miteinander stehen, und daß unsere Erlebnisse nur Erscheinungen sind von dem konstanten Zusammenspiel und Wechselspiel dieser beiden Pole. Einmal überwiegt z. B. der körperliche Pol, ein andermal der geistige Pol, und so geht es weiter, solange wir hier auf Erden unsere Existenz haben. Aber wenn dieser irdische Lebenszyklus vorüber ist, scheiden sich die beiden Pole voneinander, und wir selbst als Geist bauen eine neue Polarität auf mit den Polaritäten und Beziehungen, die wir auf der nächsten Seinsebene finden.

*

Wir können diese Verhältnisse zwischen den beiden Polen, Seele und Körper, besser verstehen, wenn wir Gedankenübertragungen studieren. Für uns ist es nicht schwer einzusehen, daß Gedanken von Mensch zu Mensch ohne Worte übertragen werden können, da wir die Beispiele des drahtlosen Telegrafierens und Telefonierens vor Augen haben. Gedankenübertragung ohne Worte nennen wir Telepathie, von griechisch tel = fern und pathein = vernehmen, gebildet. Materiell eingestellte Kreise haben die telepathische Übertragung zu verneinen gesucht, aber wir haben jetzt so viele unzweideutige Fälle von solchen wissenschaftlich gut kontrollierten Gedankenübertragungen, daß ein Verneinen nicht mehr möglich ist. Hier nur ein Beispiel von hundert anderen.

In der Stadt Riga wurde 1935 von einem Lehrer einer lettischen Dorfschule folgender Fall dem Professor Ferdinand von Neureiter, Direktor des gerichtsmedizinischen Instituts in der Stadt, unterbreitet.

Ein zehnjähriges Mädchen, Ilka N., eine typische Somnambule, die trotz allen Anstrengungen des Lehrers nicht lesen lernen konnte, zeigte sich im Besitz eines wundervollen Vermögens: sie konnte sofort fehlerfrei aus jedem beliebigen Buch fließend lesen, vorausgesetzt, daß der Lehrer oder ihre Mutter anwesend war und gleichzeitig mit dem Mädchen das Buch vor Augen hatte. Das erregte natürlich das Erstaunen des Lehrers, der nun mit dem Mädchen eine Reihe von Experimenten machte, in welchen er ihm auch Bücher in deutscher, englischer, russischer und französischer Sprache vorlegte. Das Kind hatte niemals diese Sprachen gehört und verstand nicht ein Wort davon. Aber sobald der Lehrer oder die Mutter das Buch betrachtete, konnte das Mädchen ohne weiteres die fremden Sprachen fließend wiedergeben, auch ohne das Buch zu sehen.

Die Mutter entdeckte dieses Vermögen in ihrer Tochter, als sie ihr abends bei den Schulaufgaben zu helfen versuchte. Sobald die Mutter die Seiten in den Schulbüchern aufgeschlagen hatte, konnte das Mädchen mit dem Lesen beginnen, auch wenn es das Buch gar nicht betrachtete, sondern ihren Blick durch das Fenster auf die Bäume draußen schweifen ließ.

Alle mathematischen Aufgaben, die man Ilka vorlegte, konnte sie ohne weiteres lösen, unter der Voraussetzung, daß der Lehrer oder die Mutter anwesend waren und selbst die Lösung ausgerechnet hatten.

Die Mutter fand weiter, daß es für sie unmöglich war, etwas von ihren Gedanken oder Gefühlen vor dem Kinde zu verbergen. Das Mädchen wußte sofort, was sie dachte oder fühlte. Und hatte sie etwas im Haus vor dem Mädchen versteckt, so wußte es doch gleich, wo das Versteckte zu finden war.

Professor Ferdinand von Neureiter lud Ilka und ihre Mutter ein, in sein Institut zu kommen. Hier machte er unzählige Experimente mit dem Mädchen und konnte dabei festlegen, daß das Mädchen allein nicht ein einziges Wort lesen konnte, jedoch in seiner Anwesenheit oder der Anwesenheit der Mutter ohne weiteres alles, was er oder die Mutter mit den Augen faßten — auch dann, wenn das Mädchen mit dem Rücken zu dem Professor oder der Mutter stand. Außerdem konnte es sofort sagen, was der Professor in seiner Hand versteckt hielt, und auch alles finden, was man in seiner Abwesenheit im Institut versteckt hatte.

Dieser Fall verursachte in der Stadt ein solches Aufsehen, daß eine große Anzahl von Professoren und Ärzten der Universität sich für Experimente mit dem Mädchen interessierten. Man machte jetzt eine große Reihe von Versuchen, wobei man alle denkbaren Sicherheitsmaßnahmen traf. So machte man z. B. folgenden Versuch:

Das Mädchen wurde mit einigen Professoren in einem Zimmer eingeschlossen, während die Mutter und Professor Neureiter in einem anderen Teil des Instituts zusammen eingeschlossen waren. Hier schrieb Professor Neureiter auf ein Blatt Papier einen beliebigen Satz und überreichte, ohne ein Wort zu sagen, das Blatt der Mutter. In demselben Augenblick gab Ilka den Professoren im andern Teil des Instituts den Satz wieder, den diese aufzeichneten. Nachher konnte Professor Neureiter feststellen, daß Ilka genau Wort für Wort das wiedergab, was er aufgeschrieben hatte.

Ein andermal machte man folgendes Experiment mit ihr und ihrem sechsjährigen Bruder, die in verschiedenen Zimmern waren. Professor Neureiter zeigte jetzt dem sechsjährigen Bruder vier Bilder aus einem Kinderbuch. Kaum hatte er diese Bilder gezeigt, so erzählte Ilka in dem anderen Zimmer den Anwesenden genau, was die Bilder darstellten, und konnte sie in allen Einzelheiten beschreiben.

Alles dies zeigt, daß Ilka N. von Geburt an sehr stark mediumistisch veranlagt war. Man kann sagen, daß diese Anlage sich auf Kosten ihrer bewußten Eigenschaften so stark entwickelt hatte, daß ihr Tagesbewußtsein verdrängt worden war und ihr Unterbewußtsein den Platz des Tagesbewußtseins erobert hatte. Das ist es, was alle Medien in höherem oder geringerem Grade charakterisiert. Deswegen konnte dieses Mädchen sich auch nicht konzentrieren und nicht lesen lernen. Sie war immer in einem somnambulen, d. h. in einem *schlafwandlerischen Zustand,* und bewegte sich wie ein Schlafwandler, ohne bewußt zu wissen, was es tat, und ohne etwas zielbewußt tun zu können.

Jedoch ist dieses unterbewußte Vermögen, Gedanken von anderen Menschen aufzunehmen und eigene Gedanken auf andere zu übertragen, eine allgemein menschliche Eigenschaft, die nur von der starken Entwicklung unseres Tagesbewußtseins zurückgehalten worden ist.

Wir können deswegen sagen, daß wir immer wechselweise in zwei verschiedenen Bewußtseinsebenen leben, einmal tagsüber in unserem Tages- oder Wachbewußtsein und im Schlaf in unserem Unterbewußtsein. Dies erklärt zum Beispiel alle Fälle von Schlafwandeln, dem besonders Kinder anheimgefallen sind, ehe ihr Tagesbewußtsein stark genug entwikkelt ist. Ein Schlafwandler kann ja mit unfehlbarer Sicherheit mit geschlossenen Augen auf einem Dachfirst entlanggehen, ohne abzustürzen.

Hier haben wir es wieder mit einer interessanten seelischen Polarität zu tun, nämlich derjenigen zwischen dem Tagesbewußtsein und dem Schlafbewußtsein, das man normalerweise Unterbewußtsein nennt. Zwischen diesen beiden Polen existiert immer ein Zusammenspiel und Wechselspiel. Paracelsus nennt das Tagesbewußtsein *„den elementarischen Teil"* des Menschen und den Schlaf oder das Unterbewußte *„den siderischen Teil"*, von lateinisch sidus, genannt Sideris = Stern.

„Das transzendentale (über die Grenzen — trans — des Tagesbewußtseins hinausgehende) Bewußtsein taucht von selbst auf, wenn das körperliche unterdrückt ist", schreibt *Dr. Carl du Prel* in seinem Buch „Das Rätsel des Menschen" *„wie die Sterne von selbst leuchten, wenn die Sonne untergegangen ist"*.

„Es wohnt", sagt *Agrippa,* „unserer Seele ein das All umfassender Scharfblick inne, der durch die Finsternis des Körpers und der Sterblichkeit verdunkelt und gehemmt ist, nach dem Tode aber, wenn die vom Körper befreite Seele die Unsterblichkeit erlangt, zur vollkommenen Erkenntnis wird. Daher wird manchmal dem Menschen im hohen Alter, wenn der Körper nicht mehr dieselbe Macht über die Seele hat, ein ungewohnter Lichtstrahl zuteil, weil alsdann die Seele weniger von den Sinnen gefesselt und schon gleichsam etwas von ihrer Bürde befreit ist und dem Ort, wohin sie wandern wird, näher stehend, dem Körper nicht mehr so unterworfen wird als früher." *

Das ist, was ich selbst in meinem hohen Alter in einer wundervollen Weise erlebt habe. Deswegen bin ich auch jetzt in der Lage, diese Kapitel schreiben zu können, mit Hilfe eines Wissens, das ich niemals durch das Studium aller philosophischen Werke der Welt hätte erreichen können. Dieses Buch ist auf solche Lichtstrahlen und Visionen, von denen Agrippa spricht, gebaut, nachdem ich ein ganzes Leben die Berufsphilosophie studiert habe. Ohne meine Lebensführungs- und Ernährungsweise wäre ich jedoch niemals dazu gekommen.

Deswegen kann ich auch vollkommen unterschreiben, was Paracelsus sagt:

„Also merket auf, daß zwei Seelen im Menschen sind: *die ewige* und *die natürliche*. Das sind zwei Leben! Das eine ist dem Tode unterworfen. Das andere widersteht dem Tode. Also ist auch im Menschen das, was der Mensch ist, verborgen, und niemand sieht, was in ihm ist, was nur durch die Werke offenbar wird."

„Im Schlafe, wo der elementare Leib ruht, ist der siderische Leib in seiner Generation, denn derselbe hat keine Ruhe, noch Schlaf. Wenn aber der elementare Leib dominiert und überwindet, dann ruht der siderische."

*

Wie können wir nicht *Augustinus* verstehen, wenn er schreibt:

„Modus, quo corporius adhaeret spiritus, comprehendi non potest ab hominibus, et hoc tamen homo est." In Deutsch:

„Die Art und Weise, in welcher unser Geist und Körper

* Heinrich Cornelius Agrippa wurde 1486 geboren und starb 1535. Sein Hauptwerk „De philosophica occulta" erschien 1510 in Köln.

zueinanderstehen, ist uns zwar unfaßlich. Und doch bilden sie zusammen den wirklichen Menschen."

Denselben Gedanken finden wir bei *Pascal* in folgender Weise angedeutet:

„Der Mensch ist das wunderbarste Geschöpf der Natur. Er kann nicht begreifen, was Körper ist, weniger noch, was Geist ist, und am wenigsten, wie ein Geist mit dem Körper verbunden sein kann. Es ist dies der Gipfel der Schwierigkeit. Und doch besteht darin sein Wesen!"

Nein, gewiß können wir dies alles niemals mit unseren Gedanken fassen, aber doch intuitiv fühlen. In jedem Fall können wir doch uns selbst beobachten. Es gibt auch in unserem Wachzustand ein interessantes Zusammenspiel und Wechselspiel zwischen dem Tagesbewußtsein und dem Unterbewußtsein, das wir leicht beobachten können. So ist zum Beispiel „sich an etwas erinnern„ gleichbedeutend mit etwas aus dieser bodenlosen Gedächtniskammer unseres Unterbewußtseins heraufholen. Wenn man etwas erzählt und dabei den Namen einer Person oder eines Ortes nicht gleich finden kann, geht man gewöhnlich in seiner Erzählung weiter, sich damit entschuldigend, daß einem der betreffende Name zufällig entfallen sei. Die Unterhaltung ist vielleicht längst bei einem anderen Thema, wenn plötzlich der gesuchte Name im Bewußtsein auftaucht und man mit Freuden den Anwesenden sagen kann: „Jetzt habe ich den Namen gefunden!"

Der Impuls, den wir dem Unterbewußtsein gegeben haben, ist suchend in seinen endlosen Regionen umhergewandert, bis er das Verlangte gefunden hatte und es uns ins Ohr flüstern konnte. Es liegt über diesem Suchen und Finden etwas Spaßiges, wie wenn das Unterbewußtsein sagen wollte: „Siehe doch, wie tüchtig ich bin!"

Das Unterbewußtsein hat, wie wir wissen, eine eigene Intelligenz. Aber diese Intelligenz muß durch starke Konzentration auf eine bestimmte Aufgabe angeregt werden.

Dann sammelt und ordnet es alle die zu dieser Aufgabe gehörigen Tatsachen und Kenntnisse, um sie in Bereitschaft zu haben, wenn wir sie benötigen. Das Unterbewußte hat eine unerschöpfliche Tiefe und die Macht, uns in allen unseren Unternehmungen zu helfen und uns auch in Verbindung mit den geistigen und kosmischen Strömungen zu setzen.

Man kann die Zusammenarbeit mit dem Unterbewußtsein methodisch dadurch stärken, daß man alle ungünstigen, erschlaffenden, gleichgültigen Eindrücke ausschaltet und sich mehr und mehr *auf ausgewählte Gedanken und Gefühle konzentriert.* Zu den erschlaffenden Eindrücken gehört zum Beispiel das x-beliebige gedankenlose Radiohören und das Anhören und Lesen von unwesentlichem Klatsch und Tratsch — mit einem Wort alles, was unser Seelenleben verflacht und seicht macht.

*

Um die Dinge besser verständlich zu machen, die ich in diesem Kapitel vielmals berührt habe, muß ich Ihnen erzählen, in welcher Weise ich arbeite. Meine Arbeitsmethode ist in großen Zügen die folgende:

Nehmen wir als aktuelles Beispiel, wie ich die zwei großen Lebensanschauungsartikel für die Juni- und Julinummer 1953 unserer Hefte schrieb.

Ich hatte im Laufe meines Lebens viel Material für diese Fragen zusammengebracht, aber viel davon lag tief im unerschöpflichen Gedächtnismagazin meines Unterbewußtseins eingeschlossen. Ich wußte, daß mein Unterbewußtsein nur durch eine große, wachbewußte Konzentration alles das für mich aufsuchen, ordnen und heraufholen konnte. Deswegen galt es für mich, alle nebensächlichen und nicht dazugehörenden Eindrücke völlig auszuschalten.

Aber als ich die Arbeit an zwei so großen Artikeln anpacken sollte, schaltete ich nicht nur das Lesen von Zeitungen und Zeitschriften, sondern auch alle Korrespondenz aus und vermied, mit anderen Menschen als mit meinem Sekretär und der Haushälterin zu sprechen. Dann begann die Arbeit.

Zwei, drei Tage habe ich nichts anderes getan als gegessen und geschlafen, bin viel in den Bergen gewandert und habe zwischendurch stundenlang in einem Liegestuhl gelegen, tief in Träumereien versunken. Während dieser Zeit versuchte ich, mir meine Arbeitsaufgabe so lebhaft wie möglich vorzustellen und mich ausschließlich darauf zu konzentrieren. Damit hatte ich das ganze Unterbewußtsein in Bewegung gesetzt und verhindert, daß es durch irgend etwas in seiner Arbeit gestört werden könnte.

Nach drei Tagen einer solchen Konzentrationsarbeit und solchen Träumereien hatte das Unterbewußtsein alles, was auf diese Arbeit Bezug hatte, zusammengebracht, und ich konnte meinem Sekretär in den nächsten Tagen einen Entwurf diktieren. Dieser Entwurf bildete in großen Zügen das Grundgewebe des Artikels, in das ich später den Einschlag machte, ganz so, wie man einen Teppich webt, und den Schußfaden mittels des Schützen durch den Kettenfaden hindurchbringt, wodurch dann das vollkommene Gewebe entsteht.

Meine Artikel sind in Wirklichkeit ein solches Gewebe. Wenn einmal die Struktur oder die unterliegende Gewebekette gemacht ist, kommt die interessante Arbeit, die eigentlich ein Zusammenspiel und Wechselspiel zwischen dem Tagesbewußtsein und dem Schlafbewußtsein ist.

Ich wandere viel in den Bergen, spreche mit niemandem, lese nichts, aber versenke mich viel in Träumereien, während meine Gedanken unaufhörlich wie ein Webeschiffchen zwischen den verschiedenen Fäden hin- und hersausen. In dieser Weise gehen von dem Webeschiffchen andauernd Impulse zu dem Unterbewußtsein, und dieses antwortet großartig, indem es eine Menge von zusammengebrachten Erinnerungen, Erlebnissen, Gedanken, Gefühlen und Visionen emporsprudeln läßt, die sich in wunderbarer Weise in das Gewebe des Artikels einfügen.

Diese Arbeit geht unaufhörlich, ununterbrochen, Tag und Nacht vor sich, bis sie vollbracht ist und fertig daliegt.

Ich muß geduldig warten, bis ich zu dem Punkt komme, an dem mich das Unterbewußtsein aufrüttelt, weil ich das nicht selbst entscheiden kann, sondern auf sein Signal warten muß. Nachher kommt dann eine so vollständige Entspannung, daß ich mich gewöhnlich an nichts mehr erinnern kann von den letzten Tagen oder Wochen. Ich trete wieder in das normale Leben ein. Das erste, was mich begrüßt, ist ein großer Packen von Briefen und Karten, der auf dem Tisch meines Sekretärs für mich bereitliegt und den er mir mit einem Ausdruck von Verzweiflung im Gesicht und der stummen Bitte, auch an ihn und die vielen Briefschreiber zu denken, präsentiert.

Nun können Sie verstehen, warum ich mich vor einer besonderen Arbeit immer in die Einsamkeit zurückgezogen habe. Besonders gern habe ich mich jährlich eine Zeitlang nach Alassio geflüchtet, weil ich dort alle meine Bücher, Aufzeichnungen und viel Ruhe und Sonnenschein haben konnte. Ich weiß, daß mich viele Menschen um diese Zeit beneiden und meinen: „Ja, das kann sich nur ein Are Waerland erlauben!" Aber vergessen Sie, meine lieben Leser, nicht, daß ich schon zu Anfang dieses Jahrhunderts nach der französischen und italienischen Riviera kam und dort alle Jahre hätte verbringen können. Tatsächlich bin ich aber nur insgesamt fünf von fünfzig Jahren dort gewesen. In all den anderen Jahren haben mich meine Forschungen und Studien gezwungen, meine Zeit in Großstädten, Bibliotheken und Institutionen zu verbringen. Ohne diese Arbeit und die damit verknüpften Opfer wäre ich nicht imstande gewesen, die Waerland-Bewegung ins Leben zu rufen.

Alles, was ich über das Unterbewußtsein schreibe, ist deshalb aus praktischer Erfahrung und einer bewußten Anwendung dieser Kräfte, die wir im Unterbewußtsein hegen, aufgebaut.

Wissen ist Macht — aber nur das Wissen, dessen man sich im Leben bedient und mit welchem man praktiziert.

*

Aus dem oben Gesagten geht ohne weiteres hervor, daß das Unterbewußtsein unser bester Helfer ist und auch seine eigene Intelligenz hat. Es ist sehr hellhörig und immer bereit, uns in bester Weise zu dienen. Aber die Dienste, die es für uns verrichtet, *stehen immer in Beziehung zu unserer eigenen Einstellung zum Leben und zum Weltall.* — „Wie der Herr, so der Knecht!" — Sind wir kleine Egoisten und kreisen unsere Gedanken immer um uns selbst, haben wir kein Interesse für das Wohl der Menschheit und das Ziel und den Sinn der Weltentwicklung — dann bedient uns das Unterbewußtsein auch nach dem Wert unserer eigenen Gedanken und unseres Strebens. Wir werden mehr und mehr abgeschnitten von den großen geistigen Strömungen des Weltalls, in unserem Leben isoliert und auf uns selbst verwiesen. Ein solcher Mensch ist wie ein ausgetrockneter Quell oder wie ein dürrer Ast am Baum.

Wirklich geholfen werden kann einem Menschen von seinem Unterbewußtsein nur, wenn er sich selbst mit allen seinen Kräften *in den Dienst der Menschheit und der Weltentwicklung stellt.* Dann öffnet das Unterbewußtsein alle seine Schleusen für ihn und läßt die großen geistigen Strömungen, die diese Weltentwicklung tragen, in ihn einfließen. Dann kommen auch die zwei Pole, das Tagesbewußtsein und das Unterbewußtsein in eine wundervolle Spannung und Zusammenarbeit miteinander. Der Mensch erlebt eine auffallende Verwandlung. Ein unbeschreibliches Glück strömt durch sein ganzes Wesen. Er fühlt sich von unsichtbaren Kräften getragen, die ihm überall helfen. Eine wundervolle Ruhe und Zuversicht kommt über ihn. Das ist ihm die beste Bestätigung, daß er sich auf dem rechten Wege befindet.

Je gesünder an Körper und Seele ein Mensch ist, je erfolgreicher und harmonischer ist auch das Zusammenspiel zwischen seinem Tagesbewußtsein und Schlafbewußtsein. Sie müssen beide stets im Gleichgewicht sein. Wird aber das eine von ihnen geschwächt — wie zum Beispiel das Tagesbewußtsein fast bis zum Auslöschen im Falle der Ilka N. —, dann nimmt das Schlafbewußtsein so stark überhand, daß der Mensch schließlich wie ein Schlafwandler durch das Leben geht und dadurch den Aufgaben seines Erdenlebens nicht mehr gerecht werden kann. So entsteht das, was man ein Medium nennt.

Ein Medium ist also nichts anderes als ein Mensch mit einem geschwächten und verdrängten Tagesbewußtsein und einem stark entwickelten Schlafbewußtsein. Als ein solches kann es sich — wie Ilka N. — ohne weiteres mit dem Seelenleben anderer Menschen in Verbindung setzen und aus ihm herausholen, was es will.

Man darf dies als eine festliegende Tatsache niemals vergessen, wenn man mediumistische Phänomene und den Spiritismus studiert.

Ein Medium ist also eine Person, die wie Ilka N. ohne weiteres *aus dem Bewußtsein und dem Unterbewußtsein anderer Menschen fast alles beliebig holen kann,* was bei einer Séance gebraucht werden kann; also nicht nur das, was dieser andere Mensch zur Zeit in seinem Tagesbewußtsein denkt und erlebt, sondern auch alles, was in seinem Unterbewußtsein aufbewahrt und für ihm selbst meistens verborgen ist. In dieser Weise entstehen die meisten spiritistischen Phänomene, die grundsätzlich mit wenig Ausnahmen nichts anderes sind als ein unterbewußtes Suchen, Wühlen und Lesen in den unerschöpflichen Vorratskammern von Geschehnissen und Erlebnissen der an einer spiritistischen Sitzung anwesenden Menschen.

Mit dem Fall von Ilka N. vor Augen können wir sofort

erklären, was bei einer spiritistischen Séance vor sich geht. Erstens muß bei einer solchen Sitzung das Zimmer immer im Dunkel sein und Ruhe und Stille herrschen, weil dadurch die aktiven Sinne, mit denen das Tagesbewußtsein verbunden ist, so weit wie möglich geschwächt und ausgeschaltet werden können und das Schlafbewußtsein die Oberhand gewinnen kann. Zweitens kann eine solche Sitzung ohne ein Medium nicht vor sich gehen. Und vergessen wir nicht, daß ein Medium immer eine Person ist, *deren beide Bewußtseinspole außer Balance sind,* so daß es sich schnell in somnambulen Zustand setzen kann. In diesem Zustand kann sie meistens in dem Unterbewußtsein aller an der Sitzung Anwesenden wie in einem offenen Buch lesen.

Nun verlangt zum Beispiel einer der Anwesenden mit einem verstorbenen Angehörigen in Verbindung zu treten. Nach einigen Minuten erklärt das Medium, daß dieser Angehörige da ist und bereit, zu sprechen. Gewöhnlich verlangt der Fragende einige Kennzeichen. Diese kann das Medium auch ohne weiteres geben. Es nimmt sie selbstverständlich aus dem Unterbewußtsein des Fragenden selbst. In dieser Weise kann mit Hilfe der Stimme des Mediums die längst verstorbene Mutter oder der längst verstorbene Bruder oder Vater die erstaunlichsten Sachen erzählen, die der Fragende selbst längst vergessen hat, die sich aber in seinem Unterbewußtsein aufbewahrt vorfanden und deren er jetzt sich erinnern und sie bestätigen kann. Also glaubt er unbedingt, daß er mit dem Verstorbenen spricht, während alles tatsächlich nur ein Spiel mit dem unterbewußten Gedächtnis ist.

Daß es in Wirklichkeit so ist, können wir daraus ersehen, daß in den meisten Fällen die Verstorbenen, die mit der Stimme des Mediums sprechen, *nichts Neues erzählen können, sondern nur das, was im Unterbewußtsein des Fragenden oder überhaupt der Nachlebenden versteckt ist.*

Wie oft hat man zum Beispiel versucht, sich bei diesen Sitzungen mit den größten Persönlichkeiten der Geschichte in Verbindung zu setzen, wie zum Beispiel mit Napoleon oder mit Alexander dem Großen! Aber diese Herren haben die Geschichte noch nicht mit einem einzigen Ereignis bereichert — über das hinaus, was man in den historischen Büchern lesen kann. Bei einer Sitzung zum Beispiel unter Handwerkern, die nur wenig von Napoleon wissen, kann Napoleon sehr wenig erzählen, weil es nur auf das begrenzt ist, was die Anwesenden einmal von ihm gelesen haben. Ist aber ein Professor der Geschichte anwesend, kann Napoleon stundenlang fast ohne Grenzen über seine Unternehmungen und Schlachten usw. erzählen. Aber nie etwas Neues, nie etwas über das hinaus, was der anwesende Professor jemals gehört oder gelesen hat!

Um diese Phänomene zu erläutern, werde ich Ihnen ein aktuelles Beispiel geben. Einmal, als ich an einer spiritistischen Séance in London anwesend war, fragte mich der Vorsitzende, ob es jemand Besonderen unter den Verstorbenen gäbe, mit dem ich in Verbindung treten wollte. Ja, sagte ich, ich möchte gerne mit einem alten, philosophisch eingestellten Studienkameraden von Südschweden sprechen. Ich gab seinen Namen an, und der Vorsitzende bat das Medium, mich mit ihm in Verbindung zu bringen. Das Medium war schon in Trance, das heißt in diesem besonderen Schlafzustand, der das Tagesbewußtsein fast vollständig ausschaltet. Nach einigen Minuten begannen die Lippen und die Zunge des Mediums sich zu bewegen, und sie sagte: „Hier bin ich, was willst du von mir?"

Ich sagte: „Bist du es wirklich? Ich möchte dich erst bitten, mir Zeugnisse zu geben, die deine Identität bekräftigen."

„Ja", sagte der Verstorbene, „was für Zeugnisse willst du denn haben?"

„Bitte, erzähle mir", sagte ich, „was wir am letzten Tage, an dem wir zusammen waren, getan haben."

Es vergingen wieder einige Minuten, dann sprach der Verstorbene:

„Erinnerst du dich nicht, wie wir an diesem Sonntag zusammen nach Waxala (einem Dorf, 10 Kilometer außerhalb unserer Universitätsstadt) gingen? Wir waren bei diesem Spaziergang tief in Auseinandersetzungen über philosophische Fragen verstrickt. Du sagtest so und so, und ich erwiderte das und das."

Ich war ganz erstaunt! Erstens sprach das Medium, das sonst nur englisch konnte, genau den Dialekt von Südschweden, der so bezeichnend für meinen Freund war. Und zweitens imitierte sie den Tonfall seiner Stimme und seine ganze Ausdrucksweise bis zur Vollkommenheit. Ich erkannte auch meine eigenen Worte und Ansichten, und auch diejenigen, die für meinen Freund so charakteristisch waren, wieder.

Dann kam etwas noch Erstaunlicheres:

„Erinnerst du dich nicht", sagte mein Freund, „daß wir auf dem Wege ein Pferd mit einem Wagen kommen sahen? In dem Wagen saß an der Seite des Kutschers eine Dame mit einem roten Sonnenschirm und auf dem Rücksitz ein junges Mädchen von etwa acht Jahren. Als das Gefährt sich näherte, erschrak das Pferd plötzlich, wohl vor einer Menge Säcke und großen Bündeln von Draht und anderen Geräten, die am Wege lagen. Das Pferd ging durch, und wir konnten uns in dem engen Weg zur Not eben noch über den Zaun retten. Wir befürchteten eine Katastrophe, aber schließlich gelang es dem Kutscher, wieder die Macht über das Pferd zu gewinnen, und der Wagen verschwand in der Ferne."

Jetzt war die Erinnerung an diese Begebenheit wieder vollkommen erwacht, weil ein Ereignis, das einen Schrecken verursacht, sich besonders gut einprägt und rasch wieder lebhaft ins Gedächtnis zurückgerufen wird.

*

Also, meine lieben Leser, hier haben wir eine Reihe von spiritistischen Ereignissen, die so erstaunlich überzeugend sind, daß ich glaube, daß Sie alle der Meinung sind, daß es sich hier um eine wirkliche Erscheinung eines Verstorbenen handelte.

Aber ich hatte so vielen Séancen beigewohnt und mich besonders als psychologisch eingestellter Philosoph um diese Phänomene bemüht, daß ich genau wußte, welche wundervollen Schauspiele das Unterbewußtsein inszeniert, und wie man sie endgültig entschleiern kann.

Um einen klaren Beweis zu bekommen, daß es wirklich mein verstorbener Freund war, legte ich für „den Verstorbenen" (= das Medium) folgende Falle:

„Bitte", sagte ich, „kannst du mir sagen, wohin du gingst und was du getan hast, nachdem wir uns auf dem Markt in unserer Universitätsstadt verabschiedet hatten? — Es war doch das letzte Mal, daß ich dich sah." —

Nun kam eine lange Pause! Die Lippen des Mediums bewegten sich, etwas Unverständliches murmelnd.

Ich wiederholte die Frage noch eindringlicher.

Und dann kam es plötzlich von den Lippen des Mediums in seiner eigenen Sprache und Stimme:

„Entschuldigen Sie, es ist schon spät, und ich muß mich zurückziehen! Gute Nacht!"

Dieses Zurückziehen war gerade das, was ich erwartet hatte! Weil ich mit meiner Frage ein Ereignis berührte, von dem ich selbst nichts wußte, konnte das Medium in meinem Unterbewußtsein auch nichts finden, um die Frage zu beantworten und damit dieses Erscheinungsspiel von einem Verstorbenen abzuschließen. Das erklärt das Murmeln und die lange Pause, und vor allem die Antwort, weil meine Frage das Medium als geschickten, wenn auch unbewußten Regisseur dieses Schauspiels verwirrt und hilflos gemacht hatte.

Gerade an diesem Punkt, den meine Frage berührte, hätte der Verstorbene — falls er es wirklich war — mir aber ein entscheidendes Zeugnis seiner Identiät geben können. Aber da mein eigenes Unterbewußtsein nichts von dem Unternehmen meines Freundes nach unserem Abschied wußte, war es damit auch mit dem Gedankenlesen des Mediums zu Ende.

Wir dürfen nicht vergessen, daß das Medium in seinem somnambulen Zustand kein Wachbewußtsein hat und deswegen nicht weiß, was vorgeht. Es ist selbst ein willenloses Opfer seines eigenen, in dem Inszenieren spiritistischer Séancen wohl trainierten Unterbewußtseins. Was bei einer Séance vorkommt, vollzieht sich sehr oft rein mechanisch, wie das Schlafwandeln eines Somnambulen, je mehr das Tagesbewußtsein des betreffenden Mediums ausgeschaltet ist. Deswegen ist auch der Fall Ilka N. so aufschlußreich. Alle Experimente, die man mit dem Mädchen machte, hatten einen fast vollständig mechanischen Verlauf.

*

Die spiritistischen Sitzungen mit ihrem unterbewußten Spiel haben sich besonders in England und Amerika fast zu einem Sport entwickelt. Während meiner vielen Jahre in England und meines Aufenthalts in Amerika interessierten mich besonders die Fragen, die bei den Sitzungen bezüglich Krankheiten gestellt wurden. Viele wollten von den Geistern wissen, wie sie sich heilen könnten und welche medizinischen Mittel sie anwenden sollten. Aber niemals konnte ich eine einzige Antwort finden, die über die Grenzen des heutigen schulmedizinischen Wissens hinausging. Jeder heute auf der Erde lebende Arzt hätte diese Antworten ebensogut geben können. Augenscheinlich war man in den spiritistischen Welten in dieser Beziehung nicht einen einzigen Schritt weitergekommen.

In dem Spiritismus, so wie wir ihn in den meisten Fällen kennengelernt haben, können wir also keine Stütze finden für den Glauben an die Unsterblichkeit der Menschenseele. Was aber der Spiritismus endgültig bewiesen hat, ist erstens, daß wir Menschen alle unbewußt in Verbindung miteinander stehen; und zweitens, daß alle unsere Erlebnisse in diesem

Unterbewußtsein aufbewahrt werden. Und das ist doch nicht wenig!

*

Versucht man von der Erdenseite aus die Scheidewand, die uns von der nächsten Seinsebene trennt, zu durchbrechen — was bisher erfolglos geblieben ist —, so versucht man es auch von der anderen Seite, vom Jenseits her, aber hier mit viel größerem und entscheidenderem Erfolg, weil man „drüben“ selbstverständlich viel größere Möglichkeiten hat, Wege und Methoden zu finden, die dafür Voraussetzung sind. Je mehr ich diese Phänomene studiert habe, desto größer wurde meine Überzeugung, daß die „Geister“ auf der anderen Seite der Scheidewand auch vollkommen wach sind für die Erkenntnis, daß es für die Weiterentwicklung der irdischen Menschheit absolut notwendig wäre, ihr entscheidende Beweise für das Weiterleben der Seele nach dem Tode zu geben.

VII] Gibt es ein Leben nach dem Tode?

Wie beantwortet das Christentum diese Frage?

Was den einen ein Todesduft ist, der ihnen das nahe Ende verkündet, das empfinden die anderen als einen Lebenshauch, der ihnen den Morgen des neuen Tages anzeigt. PAULUS

JEDER MENSCH, der die vier Evangelien des Neuen Testaments gelesen hat und mit christlichen Ideen überhaupt vertraut ist, weiß, welche große Rolle die Auferstehung Jesu Christi in den Berichten dieser Evangelien, und besonders in den Paulinischen Briefen, spielt.

Liest man die Evangelien ohne vorgefaßte Meinung in einer ganz unbefangenen Weise, dann kommt man zu dem Schluß, daß Christus selbst das Hauptgewicht auf sein Auferstehen aus dem Tode gelegt hat, und das dazu in einer solchen Eindringlichkeit, als ob dies das Hauptziel seines Kommens auf diese Erde gewesen wäre.

„Empfanget den Heiligen Geist; predigt das Evangelium und verkündet allen Völkern die Auferstehung des Sohnes Gottes!" (Evangelium des vollkommenen Lebens, Kap. 87,6.)

Dies ist auch die Auffassung des Apostel Paulus, die er in allen seinen Briefen bekundet und in folgenden Worten besonders zum Ausdruck bringt:

„So aber Christus gepredigt wird, daß er sei von den Toten auferstanden, wie sagen denn etliche unter euch, die Auferstehung der Toten sei nichts? Ist aber die Auferstehung der Toten nichts, so ist auch Christus nicht auferstanden. Ist aber Christus nicht auferstanden, so ist auch unsere Predigt vergeblich, so ist auch euer Glaube vergeblich." (1. Korinther 15, 12—14.)

Die allgemeine kirchliche Auffassung legt dagegen das Hauptgewicht auf die Kreuzigung, das Leiden und den Martertod Christi als einem Sühneopfer für die ganze irdische Menschheit. Aber wie ist ihre Auffassung entstanden? — Das ist eine interessante Frage, auf welche uns die im Mittelmeergebiet zur Zeit Christi allgemein herrschenden Vorstellungen über Reinigungsopfer Antwort geben können.

Es ist immer so, daß die Menschheit in ihrem Gefühls- und Gedankenleben so tief in uralten Anschauungen und Gewohnheiten verwurzelt ist, daß auch ein so gewaltiges Ereignis wie das Auftreten und der Tod von Jesus Christus nach diesen uralten Gedankengewohnheiten und Überlieferungen gewertet und gedeutet worden ist. Wir müssen also immer unterscheiden zwischen einem Ereignis selbst und der Art und Weise, wie dieses Ereignis gemäß den derzeitigen Anschauungen verwandelt und umkleidet wird.

Nun, welche waren die Anschauungen der damaligen Zeit?

Überall in den Ländern rings um das Mittelmeer herrschte die uralte magische Vorstellung, daß man eine Seuche dadurch zum Verschwinden bringen konnte, daß man sie auf ein geeignetes Objekt lenkte und dieses Objekt dann vernichtete. So war es in Griechenland Gewohnheit, bei einer Seuche ein Lamm in Prozession durch die Stadt oder das Dorf zu tragen und es dann ins Meer zu werfen, damit es ertrinken sollte. Oder man nahm das Lamm und opferte es der Göttin der Heilung, indem man sein Blut fließen ließ und dann den Körper verbrannte.

In der Bibel haben wir unter anderem das Beispiel von dem Besessenen, aus dem Jesus das Böse austrieb und in eine Herde von Schweinen jagte, die sich daraufhin in das Meer stürzte. Wahrscheinlich hat Christus das niemals getan. Die Geschichte kam eben in die Evangelien, wie es oft vorkommt, wenn mündliche Überlieferung eine große Persönlichkeit mit neuen Zügen auszuschmücken versucht.

Da diese Anschauungen aber so allgemein waren, kann man gut verstehen, daß auch der Tod Jesu an einem Kreuz sicherlich von diesen Anschauungen ergriffen und volkstümlich als Opfertod erklärt werden mußte, bei dem Christus als „das Lamm der Welt“ alle Sünden auf sich nahm und dadurch die Menschheit erlöste. Das bestätigt auch der Hohepriester Kaiphas, der gemäß dem Evangelium Johannes 18, 14, „den Juden riet: es wäre gut, daß *ein* Mensch würde umgebracht für die Sünden des Volkes“.

Diese Anschauung wurde nachher von der in diesen Ländern vom 2. bis zum 15. Jahrhundert vorherrschenden *ptolemäischen Weltanschauung* ergriffen und diese wiederum von der römisch-katholischen Kirche als grundlegend für die religiösen Anschauungen der ganzen abendländischen Kirchengemeinde betrachtet — bis Kopernikus am Anfang des 15. Jahrhunderts sein berühmtes Buch über die Sonnenbahn veröffentlichte. Deswegen müssen wir diese Anschauung ausführlicher behandeln und uns darüber klar werden, welche Bedeutung sie hatte.

*

Claudios Ptolemaios — lateinisiert Ptolemaeus, ein griechischer Astronom, wurde ungefähr um das Jahr 100 n. Chr. geboren. Zwischen den Jahren 126 und 141 machte er in Alexandria eine Reihe von astronomischen Beobachtungen, die die Grundlage für sein berühmtes Weltsystem bildeten. Gemäß diesem System war die Erde rund und schwebte im Zentrum des Weltalls. Um die Erde kreisten in zirkelförmigen Bahnen der Mond, die Sonne und die fünf Planeten, von sieben verschiedenen rotierenden Kristallsphären festgehalten. Jede von diesen Kristallsphären bewegte sich langsam um die Erde — den Mond, die Sonne und die Planeten mit sich tragend.

Die Erde als Mittelpunkt des Weltalls beherbergte in ihrem Innern ein ewiges Feuer, das sich durch die Vulkanausbrüche sichtbar bekundete. Auf der Erdrinde wanderte der Mensch, und hatte über sich diese sieben Kristallsphären. An der untersten war der Mond befestigt. Die zweite trug Mercurius, die dritte Venus, die vierte die Sonne und die fünfte bis siebente Mars, Jupiter und Saturnus mit sich um die Erde.

Die Welt war oben durch das eiserne Gewölbe begrenzt, das den Boden des Himmels bildete, in dem sich Gott mit seinen Engeln aufhielt. Die Milchstraße erklärte man als einen von Gott und den Engeln sehr viel benutzten und daher abgenutzten Weg, der durch die Abnutzung ein schimmerndes Licht durchbrechen ließ. Die übrigen Sterne waren nichts anderes als Löcher in diesem Gewölbe, durch die das Himmelslicht leuchtete. Man glaubte, daß sie für immer in ihren Stellen fixiert waren und nannte sie deshalb Fixsterne. Zwischen dem Himmel und der Erde bewegten sich die Engel auf und nieder.

Ursprünglich existierte in diesem Weltbild eine vollständige Harmonie. Gott schuf die ersten Menschen Adam und Eva „nach seinem Ebenbild". Sie waren seine Lieblinge, die er oft besuchte und mit denen er im Paradies wanderte. Alles war Friede und Glück. Die Heerscharen der Engel lobten den Meister, der diese Welt geschaffen hatte.

Aber dann wurde einer der höchsten von den Engeln, Luzifer = „der Lichtbringer", von einem Wahn ergriffen. Er wollte selbst der Herrscher dieser Welt werden und Gott entthronen. Er sammelte um sich eine Schar von Engeln, um in einem gegebenen Augenblick den Himmel zu stürmen und Gott und die gott-getreuen Engel zu vertreiben. Dieses Vorhaben wurde auch durchgeführt. Aber Gott und seine Heerscharen zeigten sich als die stärkeren. Luzifer mit seinem Anhang wurde aus dem Himmel vertrieben und in das Innere der Erde, in das ewige Feuer verwiesen. In dieser Weise entstand die Hölle mit dem zu einem Teufel verwandelten Luzifer als Oberhaupt. Von der Hölle aus versuchte er mit seinem Anhang jedoch immer Gott und den Engeln im Himmel entgegenzuarbeiten. So wurde das Weltall von zwei entgegengesetzten Mächten beherrscht, die einander immer bekämpften und immer versuchten, die Menschen auf der Erde an sich zu ziehen.

Diese großartige und in Details ausgeführte Weltanschauung ist bis zu den heutigen Tagen die Grundlage der abendländischen Kirchen gewesen. Sie ist auch heute noch sehr lebendig in den unzähligen religiösen Sekten, die miteinander um die Seelen im Abendland kämpfen. In dieser Weise erklärte man die durchgehende Polarität unseres Lebens, besonders die ewigen Gegensätze zwischen Gut und Böse, Licht und Dunkel, Wärme und Kälte, Winter und Sommer, Tag und Nacht, Freude und Schmerz, Glück und Unglück, Hoffnung und Verzweiflung, Leben und Tod.

Durch den Engelsturz kam die Sünde in die Welt. Die Menschen wurden von ihr ergriffen und rettungslos zu einem ewigen Leiden unter Luzifer in der Hölle verdammt. Jedes

Menschenkind wurde mit der Erbsünde als einem Erbteil von Luzifers Verrat geboren. Um die Menschen zu retten, war Gott gezwungen, seinen Sohn am Kreuz zu opfern. Er wurde nach den herrschenden Ansichten „das Lamm, das alle Sünden der Welt auf sich nahm" und durch seinen Kreuzestod die ganze Menschheit erlöste. Selbst konnte sich der Mensch wegen der Erbsünde nicht helfen. Nur durch den Glauben an den Opfertod des Christus wurde er von diesem Bann erlöst.

Sterben war ein kritischer Augenblick für jeden, der an diese Erlösung glaubte, weil die Teufel auch immer anwesend waren und versuchten, die Himmelfahrt der Seele zu verhindern, die Seele abzufangen und mit sich in die Hölle zu nehmen. Deswegen sammelten sich die Anverwandten an einem Totenbett und begannen Hymnen zu singen, um die Teufel fernzuhalten. Später, im 9. Jahrhundert, erfand man das Glockenläuten, um damit die Teufel abzudrängen, während sich die Seele auf ihre Himmelfahrt begab. Durch das Glockenläuten konnte man diese Fahrt schützen. Man glaubte buchstäblich, daß die Seele den toten Körper nicht verließ, sondern vorsichtig wartete, bis die Glocken läuteten, und damit den Weg zum Himmel öffneten, denn die Fahrt war doch ein Wagnis. Erst wenn man über die siebente Sphäre gelangt war, war man in Sicherheit und vor allen Versuchen der Teufel geschützt.

Noch heute deuten Aussprüche auf diese Ansicht. Wenn ein Mensch wirklich glücklich ist, sagt man: „Er ist im siebten Himmel."

*

Wie großartig, aber gleichzeitig wie primitiv ist doch diese Anschauung, die nur auf eine Fehldeutung des Weltalls gegründet ist. Mit dem Auftreten von Kopernikus und seinem Weltbild wurde das ptolemäische in Trümmer zerschlagen. Gleichzeitig wurden auch alle Anschauungen, die auf diesem Weltbild aufgebaut waren, für immer unter den Trümmern begraben. Und doch lebt dieses Weltbild noch wie ein Spuk in der Lebensauffassung vieler Menschen weiter, ganz wie heute der Materialismus als ein Spuk in der sozialen Auffassung der primitiven Menschenmassen weiterlebt.

Was die ptolemäische Welterklärung unterminierte, war besonders die Schwierigkeit, die Bahnen der verschiedenen Planeten zu erklären. Nach der Erfindung des Fernrohrs konnte man diese Bahnen viel besser studieren und fand sie so unsinnig und unbegreiflich, daß zum Beispiel Kaiser Karl V., der sich sehr für die Astronomie interessierte und ein rechtgläubiger Katholik war, einmal öffentlich erklärte, daß Gott die Bahnen der Planeten so unsinnig eingerichtet habe, daß, hätte Gott ihn um Rat gefragt, er IHM viel bessere Anweisungen für die Einrichtung dieser Bahnen hätte geben können.

Kopernikus entdeckte, daß alle diese Schwierigkeiten mit eins verschwanden, wenn man nicht die Erde, sondern die Sonne in den Mittelpunkt der Welt verlegte, und die Erde als nichts anderes als einen der anderen Planeten betrachtete, der sich um die Sonne bewegte, anstatt die Sonne um die Erde kreisen zu lassen.

Kopernikus hatte vollkommen recht! Mit dieser Einstellung verschwanden alle Erklärungsschwierigkeiten, und die Bewegungen der Planeten wurden mit einem Male verständlich. Aber eine solche Erklärung drucken zu lassen, war doch ein großes Wagnis! Deswegen veröffentlichte Kopernikus sein Buch als ein „Gedankenspiel“, das er vorsichtigerweise dem Papst selbst widmete, so daß dieser sich damit „amüsieren“ konnte.

Aber der Papst ließ sich nicht betrügen. Das Buch wurde sofort auf die schwarze Liste der verbotenen Bücher gesetzt und zum Verbrennen verdammt. Kopernikus selbst wäre sicher dasselbe Schicksal beschieden gewesen, hätte ihn nicht ein frühzeitiger Tod kurz nach Erscheinen des Buches vor dem Scheiterhaufen gerettet.

Das, was Kopernikus das Leben gekostet hätte, wird heute in den Schulen überall gelehrt. Wir sind von unseren Anschauungen einer Erde, die das Zentrum der Welt bildet, in den unendlichen, unermeßlichen Weltenraum hinausgeschleudert worden und müssen unsere Erde nur als Staubkorn unter Millionen und Milliarden anderer ähnlicher, kosmischer Staubkörner betrachten. Gleichzeitig ist aber auch das Erscheinen Jesu Christi auf der Erde von diesen uralten Anschauungen endgültig befreit worden und sein Leben ist für ein neues Verständnis und eine neue Deutung offengelegt. Ich selbst konnte schon als Kind niemals die Anschauung seines Todes als eines Opfers für unsere Sünden annehmen. Alles in meinem Wesen sträubte sich dagegen. Wenn der Prediger von der Kanzel Worte las wie: „Ich armer Sünder, der ich in Sünde geboren bin und mir selbst nicht helfen kann, sondern zum ewigen Leiden in der Hölle verdammt bin ...
— dann protestierte alles in mir dagegen. Wenn der Gottesdienst vorüber war, lief ich so schnell wie möglich aus der Kirche in Gottes freie Natur hinaus, um tief zu atmen, den Duft der Bäume und Blumen zu genießen und Gottes freien blauen Himmel zu sehen.

Gleichzeitig liebte ich aber sehr, die Evangelien zu lesen, wenn auch in meiner eigenen Weise. Dieses Lesen war sogar das schönste Erlebnis meiner Kinder- und Jugendjahre. Was die Evangelien erzählten, begeisterte mich mehr als alles, was ich in anderen Büchern fand. Je mehr ich las, je mehr wurde ich von einem wundervollen Gefühl ergriffen. Alles in mir wurde dann leuchtend und harmonisch, brachte mir die schönsten Visionen und führte mich in unendliche Gedankenperspektiven hinein. Es öffnete mir die Türe zu einem Leben, das ich als das wirkliche Leben fühlte. Seitdem sind mir diese Evangelien, aus denen ich schon als Kind so viel auswendig gelernt hatte, und an die ich mich noch in allen

Einzelheiten erinnern kann, der Schlüssel zu einem der größten Probleme meines Lebens geblieben.

*

Als Kind war ich selbstverständlich nicht imstande, meine Eindrücke zu analysieren. Aber ich fühlte, daß die wundervolle Erscheinung von Jesus Christus von den Menschen vollständig mißverstanden worden war, und daß sein Auf-die-Erde-Kommen eine ungeheure Bedeutung für die ganze Menschheit hatte, die ich mir damals jedoch nicht so wie heute erklären konnte. Allmählich ist die Erklärung dafür in mir ausgereift und hat sich stetig erweitert, bis sie schließlich zu einer Auffassung kristallisierte, die — wenigstens für mich — das Rätsel der Erscheinung Christi löste.

Man kann diese Erscheinung niemals fassen und verstehen, wenn man, wie die Theologen und Philosophen es tun, das Leben Jesu in Details zerpflückt und jede Einzelheit für sich als etwas Selbständiges behandelt. Nach meiner Ansicht verhindert dieses Verfahren ein wirkliches Verständnis für seine Persönlichkeit, die eine wunderwolle Ganzheit war und nur als ein harmonisches Ganzes verstanden werden kann. Wir müssen, wie bei allen unseren Versuchen, etwas zu verstehen, von dem Ganzen ausgehen. Dann werden alle Details durch das Ganze erklärt.

Liest man die Evangelien in dieser Weise, so prägt sich das lebendige Bild seiner Persönlichkeit tief und eindringlich in die Seele ein, und man fühlt, daß dieses Bild unerschöpflich ist. Es reißt einen mit und wächst, wird immer größer und größer, schöner und schöner. So kam ich zu dem folgenden Verständnis für sein Leben, das ich hier beschreiben werde — mit dem Vorbehalt, daß ich aber gleichzeitig auch die traditionelle Auffassung seiner Kreuzigung als einem Erlösungsopfer für die Sünden der Menschheit tief respektiere. Ich bin mir bewußt, daß diese Anschauung eine so große Bedeutung für unzählige Menschen hat, daß sie ohne dieselbe fast nicht leben können. Auch für meine liebe Mutter hatte sie diese Bedeutung.

Aber gleichzeitig gibt es unzählige andere Menschen, die sich in der traditionellen Auffassung nicht mehr zurechtfinden können, und für welche ein anderes, sie mehr befriedigendes Verständnis für das Leben, den Tod und die Auferstehung Christi ein ebenso großes Lebensbedürfnis ist. Ihnen darf man deshalb nicht eine Neuorientierung vorenthalten, besonders wenn die urältesten christlichen Schriften und der große Apostel Paulus selbst sich zu ihrem Sprachrohr gemacht haben.

Überhaupt sind große Liebe zu einer Idee und treuer Glaube daran von weit größerer Bedeutung als Gedanken- und Anschauungsformen, in die diese Idee sich zur Zeit kleidet.

Eine Rose bleibt im primitivsten Tonkrug ebenso schön wie in der kostbarsten Vase.

So ist es auch mit dem Zentralsten in Leben und Lehre Christi. Es bleibt unverändert, wie auch die Anschauungsformen wechseln, weil das Zentrale nur Liebe und Glaube ist.

*

Ich habe die morgenländischen Religionen viel studiert, Bhagavad-Gita, Vedanta, den Buddhismus, den Konfuzianismuß usw., aber immer gefunden, daß diese Religion sich meistens „auf der Erdenfläche bewegen“ und sich nicht über die Grenzen menschlichen Lebens und die Beziehungen unter den Menschen hinaufheben können. Sie behandeln grundsätzlich nur das Verhalten von Mensch zu Mensch und geben alle möglichen Regeln dafür. Ich kann völlig mit den Ansichten eines großen deutschen Religionsforschers übereinstimmen, wenn er zum Beispiel von Buddha schreibt:

Buddha schuf eine Religion ohne Gott. Der interessante Zug an diesem Heiligen Asiens bleibt, daß er eine weltweite Religion stiftete, und dabei ablehnte, auf irgendeine Diskussion über Ewigkeit, Unsterblichkeit oder Gott einzugehen. Buddha mühte sich einzig und allein um das Verhalten des Menschen. Er verkündete fünf Moralregeln:

1. Niemand soll ein lebendes Wesen töten.
2. Niemand soll nehmen, was ihm nicht gegeben wird.
3. Niemand soll lügen.
4. Niemand soll sich betrinken.
5. Niemand soll unkeusch sein.

*

So ist es auch mit dem Konfuzianismus und allen morgenländischen Religionen. Sie sind auf weltfremden Lebensanschauungen gebaut, die, wie zum Beispiel der Buddhismus, das Leben selbst fast aller seiner Werte entkleiden und Lebensflucht als das einzig Erstrebenswerte verkünden.

Wie himmelhoch über allen diesen Glaubensformen und Bestrebungen steht nicht die Erscheinung Jesus Christus!

Aber warum ist er auf die Erde gekommen und was war seine Aufgabe? Von allen seinen Nachfolgern ist Paulus meiner Meinung nach der erste, der diese Mission richtig erfaßt hat. Paulus' Auffassung ist jedoch nicht, wie Wyneken schreibt, die uralte, auch wenn seine Briefe älter als die Evangelien sind. Die Evangelisten waren mehr von den herrschenden Anschauungen — besonders dem Erlösungstod — durchdrungen, während Paulus augenscheinlich diese Erklärung der Kreuzigung Christi verworfen und seine Mission viel richtiger aufgefaßt hatte: *als eines Verkünders der Unzerstörbarkeit der Menschenseele und des Weiterlebens nach dem Tode in anderen Seinsebenen, ähnlich wie Johannes in seinem Evangelium geschrieben hat:*

„In meines Vaters Hause sind viele Wohnungen!“ (Joh. 14, 2a): —

Wir wissen: wird unsere irdische Leibeshülle aufgelöst, so schenkt uns Gott eine Behausung, eine ewige Heimat im Himmel, die nicht mit Händen gemacht ist ... Wir empfin-

den Grauen von dem heimatlosen Zustand (des Sterbens) und verlangen nach (der neuen) Heimat, daß das Sterbliche an uns vom Leben verschlungen würde.
2. Korinther 5, 1 und 4b (Übersetzung Pfäfflin).

Paulus hat auch diese schönen Worte über den Tod geschrieben:

„Was den einen ein Todesduft ist, der ihnen das nahe Ende verkündet, das empfinden die anderen als einen Lebenshauch, der ihnen den Morgen des neuen Tages anzeigt." (2. Kor., Kap. 2, 13, Pfäfflin.)

Ich habe niemals alles, was in den vier Evangelien des Neuen Testaments steht, als etwas göttlich Autorisiertes und Authentisches angesehen, sondern nur als Gedanken, die sich die verschiedenen Schreiber über die Persönlichkeit und das Leben Jesu selbst gemacht haben. Und als solche sind sie natürlich stark von den persönlichen Anschauungen dieser Schreiber beeinflußt. Und doch haben sie als authentische Überlieferungen einen großen Wert. Man kann, trotz möglicher Mißgriffe und Mißverständnisse, doch durch sie zur Wahrheit kommen.

*

Alles, mit dem wir im Leben in Berührung kommen, hat seine eigene Geschichte zu erzählen. So ist es auch mit allem, was geschrieben und gedruckt ist. Wir sprechen oft davon, daß man „zwischen den Zeilen" lesen muß, oder hinter dem geschriebenen oder gedruckten Wort bis zur Quelle gehen muß, um ein richtiges Verständnis dafür zu bekommen. Das gilt in besonderem Maße für die Evangelien. Man muß sie so lesen, daß man einen starken, lebendigen Gesamteindruck von ihnen bekommt. Dann wird allmählich das, was in diesen Beschreibungen zeitlich oder persönlich gefärbt war, wegfallen, und die Wahrheit wird jedesmal klarer und deutlicher hervorkommen. In Wirklichkeit kommt man in dieser Weise in Verbindung mit dem, was hinter den Worten liegt, das heißt, mit der beschriebenen Persönlichkeit selbst und seiner Zeit. Es wird ein Kontakt hergestellt, der gefühlsmäßig wächst und wächst, bis man von den Erlebnissen so erfüllt ist, als ob man selbst in dieser Zeit gelebt und alles selbst gesehen hätte.

Dies ist, was ich „geistiges Lesen“ nenne. Es führt den Leser, der in dieser Lesekunst geübt und geschickt ist, den geraden Weg zu den Quellen der Wahrheit — zu Mimers Brunnen an der Wurzel der Weltesche Ygdrasil unserer wundervollen nordischen Sage, in derem stillen, das ewige Licht spiegelnden Wasser der Gott der Götter, Odin, sein rechtes Auge opferte, um immer die Wahrheit sehen zu können.

Genau so muß man die bis in unsere Zeit überlieferten Schriften über das Leben Jesu lesen — besonders auch das wunderschöne, vom Humata-Verlag in Bern gedruckte aramäische „Evangelium des vollkommenen Lebens“, das am Ende des vorigen Jahrhunderts in einer besonderen Weise als Offenbarung zu uns gekommen ist. Nur ein irdischer Bibliothekmaulwurf, der sein geistiges Auge in staubigen Archiven verloren hat, kann hier bindende archäologische Forschungsbeweise verlangen, bevor er die Wahrheit des Inhalts erkennt. Der Inhalt spricht aber unmittelbar für sich selbst, gleichwie der Inhalt der Evangelien, über welche der hellhörige Verfasser *Ivar Lissner* in der deutschen Illustrierten „Kristall“ Nr. 13/1953 einen sehr interessanten Artikel geschrieben hat.

„Die Briefe des Heiligen Paulus“, schreibt er, „sind die frühesten Zeugnisse über das Leben Christi aus christlichem Munde. Alles übrige, was wir an Briefen im Neuen Testament besitzen, ist nach-paulinischen Ursprungs. Pauli Leben ist eines der heldenhaftesten, das je gelebt worden ist.“

Über die Evangelien schreibt Ivar Lissner:

„So gut verbürgt wie die Bücher des Neuen Testaments und ihr Inhalt sind wohl keine anderen Überlieferungen der Menschheit. Im Jahre 1874 zählte die Wissenschaft bereits 120 000 nur wenig voneinander abweichende Manuskripte des Neuen Testaments, alten oder sehr alten Datums. Im Jahre 1892 kannte man bereits 150 000. Es gibt mehr Varianten des Neuen Testaments als Worte darin. Wenn auch diese Manuskripte alle mehr oder weniger untereinander verschieden sind, *so bleibt doch die Substanz des Inhalts unerschüttert.*"

Es ist diese „Substanz des Inhalts", die das Wichtigste ist. Und diese „Substanz" ist das wunderschönste Eigentum der Menschheit.

Literarische Maulwürfe und historische Analytiker, die alles zerpflücken — und wie Chemiker eine Rose in Atome und Moleküle zerlegen, um zu zeigen, daß ihre Schönheit und ihr Duft nur eine Illusion war —, haben auch die Persönlichkeit Jesu Christi in derselben Weise „in Atome" zerlegt und sein Bild verwischt — leichtfertig erklärend, daß er niemals existiert hat, sondern daß sein Bild nur eine literarische Schöpfung sei.

Aber schon als literarische Schöpfung hätte dieses Bild unvermeidlich die ganze Welt erobert, als der wunderschönste Traum, den die Menschheit jemals geträumt, oder das schönste Märchen, das sie jemals erfunden hätte.

*

Warum hat Christus selbst nichts Geschriebenes hinterlassen? — Er konnte doch lesen und schreiben!

„Von allem Geschriebenen", sagt Nietzsche, „liebe ich nur das, was einer mit seinem Blute schreibt. Schreibe mit Blut, und du wirst erfahren, daß Blut Geist ist."

Christus hat sein Leben mit seinem Blut geschrieben. Deswegen ist und bleibt er auch unsere größte lebende geistige Wirklichkeit.

„Hätte jemand das Leben Christi erfunden", schreibt Ivar Lissner, „er wäre großartiger als Christus selbst."

Es gibt in der Geschichte der Menschheit nichts, das mehr dramatisch und ergreifend und mehr vom Schicksal erfüllt ist, als die Stunden Christi in Gethsemane, ehe die Pharisäer mit Soldaten kamen, um ihn zu verhaften. Die Möglichkeit, dem zu entgehen, lag ihm doch die ganze Zeit vollkommen offen. Aber er wählte selbst sein Schicksal.

Eine solche Schicksalsgeschichte kann nur ein hoher Geist mit seinem eigenen Blut schreiben. Was in dieser Weise geschrieben ist, wird für immer zu einer lebendigen Kraft, die die Weltentwicklung in neue Bahnen lenkt.

Laßt uns das Leben Christi sehen, so wie es hervortritt, wenn wir es von allem befreit haben, was zeitgebundene Vorstellungen waren.

Hier war ein großer Geist von anderen Welten zu uns gekommen. — *„Mein Reich ist nicht von dieser Welt"*, sagte er selbst. Er wußte besser als wir in unseren Tagen, daß ohne einen unzerrüttbaren Glauben an ein Leben nach dem Tode die ganze Menschheit zugrunde gehen muß ... das Tier im Menschen die Überhand bekommt und die Menschen einander plagen, martern und zerreißen. Als der größte Geist von anderen Welten, der jemals in unser Erdenleben herniedergestiegen ist, hatte er die Macht in seinen Händen, alle Menschen seiner Umgebung zu beherrschen und allein durch ein Wort jeden Angriff abzuwehren.

In dem aramäischen „Evangelium des vollkommenen Lebens"* steht im Kapitel 76, Vers 29 und 30 folgendes:

„Und einer, der dabei stand, als Judas herausging, sprach zu ihm: „Glaubst du, daß sie ihn töten werden?

Und Judas sprach: Nein, denn er wird ein Wunder tun, um sich aus ihren Händen zu befreien. Als sie in der Synagoge zu Kapernaum sich gegen ihn erhoben und ihn auf die Spitze des Berges brachten, um ihn herabzustoßen, war er da nicht heil mitten durch sie hindurchgegangen? So wird er sicherlich ihnen wieder entkommen und sich offen erklären und das Reich aufrichten, von dem er gesprochen hat."

*„Evangelium des vollkommenen Lebens", herausgegeben von G. J. Ouseley (Humata Verlag CH-3000 Bern 6 und D-7530 Pforzheim 12).

Dies war auch die allgemeine Vorstellung! Niemand konnte Christus schädigen, weil er die Macht besaß, über Leben und Tod und alle seine Feinde zu triumphieren.

Und doch wollte er jetzt diese Macht nicht benutzen, sondern sich freiwillig in die Hände seiner Feinde begeben und sich von ihnen töten — ja, sich als Verbrecher ans Kreuz schlagen lassen. Kann man sich überhaupt etwas Schwereres ausdenken und vorstellen? Und alles das wollte er tun, um der Menschheit einen entscheidenden Beweis zu geben, daß im Sterben — auch im qualvollen Kreuzestod — die Seele unberührt bleibt und durch den Tod gehen kann, um sich neu zu offenbaren!

Welche vollkommene Selbstbeherrschung und Selbstaufgabe fordert doch eine solche Tat!

Und noch mehr, welche große Liebe zur Menschheit — zu derselben Menschheit, die ihn ans Kreuz nageln würde!

War er nicht der erste, der diesen Menschen gesagt hatte, daß sie auch ihre Feinde lieben sollten, wie sie sich selbst liebten?

Und ist es da zu verwundern, daß er die Stunden oder Minuten, als er in Gethsemane die Pharisäer und Soldaten erwartete, die ihn greifen würden — tief im Gebet versunken war und solche Qualen litt, daß der Schweiß sich mit Blut füllte?! Und nicht eine einzige Sekunde verlor er das große Ziel aus den Augen, oder schwankte in seinem Entschluß, sich für die Menschheit zu opfern.

Diese Tat ist so groß, daß niemand von uns, wie wir uns auch bemühen, jemals die Tiefe einer Liebe erfassen kann, die ihn zu solchem Entschluß und seiner Durchführung drängte! Hier stehen wir armen, unvollkommenen Menschen vor dem größten Wunder der Welt! Können wir ihm jemals dafür danken? Ist nicht sein Leben und Tod für uns alle eine Aufforderung, auch unser eigenes Leben zu opfern für das Wohl und die Weiterentwicklung der Menschheit — in seinem Sinne und nach seinem Herzen?

Als die Kreuzigung vorüber war, brachte er, als der erste in seiner Wiederverkörperung nach dem Tode, der Menschheit das Zeugnis, den unumstößlichen Beweis, daß die Menschenseele unsterblich ist, und daß sie unmittelbar nach dem Absterben des Körpers ihre Existenz in anderen Welten fortsetzt.

Gemäß dem „Evangelium des vollkommenen Lebens" weilte Jesus mit seinen Jüngern neunzig Tage zusammen, und belehrte sie über das Reich Gottes. Ich kann hier nicht umhin, das wunderschöne 90. Kapitel dieses Evangeliums wiederzugeben, das wir unter dem Titel „Was ist Wahrheit?" auf Seite 209 lesen können.

„Und wiederum waren die Zwölf versammelt im Schatten der Palmen, und einer von ihnen, Thomas, sprach zu den anderen: ‚Was ist Wahrheit?' Denn dieselben Dinge erscheinen den verschiedenen Gemütern und sogar dem gleichen Gemüte zu verschiedenen Zeiten verschieden. Was ist also Wahrheit?

Und wie sie so sprachen, erschien Jesus mitten unter ihnen und sprach:

‚Die eine und die ewige Wahrheit ist in Gott allein; denn niemand weiß, was Gott allein weiß, der das All ist im All. Den Menschen kann die Wahrheit enthüllt werden nach ihrer Fähigkeit zu verstehen und zu erfassen.

Die eine Wahrheit hat viele Seiten, und einer sieht nur eine Seite, der andere eine andere, und etliche sehen mehr denn eine, so wie es ihnen gegeben ist.

Sehet diesen Kristall: So wie das eine Licht offenbar ist in zwölf Flächen, ja, in viermal zwölf, und jede Fläche einen Strahl von dem Lichte zurückwirft, und man eine Fläche und ein anderer eine andere anschaut, so ist es doch der eine Kristall und das eine Licht, das in allen scheinet.

Und siehe, wenn einer auf einen Berg steigt und er einen Gipfel erreicht hat, so spricht er: ‚Dieses ist die Spitze des

Berges, laßt sie uns ersteigen.' Und wenn sie diese Höhe erreicht haben, siehe, sie sehen eine andere darüber hinaus, bis sie zu der Höhe kommen, von der keine andere mehr zu sehen ist, wenn sie diese erreichen können.

Also ist es auch mit der Wahrheit!

Ich bin die Wahrheit, der Weg und das Leben, und ich habe euch die Wahrheit gegeben, die ich von oben empfangen habe.

Und was gesehen und empfangen wird von dem einen, wird nicht gesehen und empfangen werden von dem andern. Was wahr erscheinet etlichen, erscheinet nicht wahr den anderen.

Die im Tale unten sind, sehen nicht das, was die sehen, so auf dem Berge stehen.

Doch allen ist es die Wahrheit, wie sie der einzelne Verstand sieht, und solange, bis eine höhere Wahrheit offenbar wird; und der Seele, die mehr Licht empfangen kann, wird mehr Licht gegeben werden. Darum verdammet nicht die anderen, auf daß ihr nicht verdammet werdet.

So ihr das heilige Gesetz der Liebe halten werdet, das ich euch gegeben habe, so soll die Wahrheit mehr und mehr euch enthüllt werden, und der Geist der Wahrheit, der von oben kommt, wird euch führen, und sei es auch auf vielen Irrfahrten, in die ganze Wahrheit, so wie die feurige Wolke die Kinder Israels durch die Wüste geleitete.

Seid treu dem Lichte, das ihr habet, bis euch ein höheres Licht gegeben wird. Suchet mehr Licht, und ihr werdet im Überfluß leben. Rastet nicht, bis ihr gefunden haben werdet.

Gott gibt euch alle Wahrheit, gleich einer Leiter mit vielen Sprossen, zur Befreiung und Vervollkommnung der Seele. Und die Wahrheit von heute werdet ihr verlassen für die höhere Wahrheit von morgen. Mühet euch um die Vollkommenheit.

Die das Heilige Gesetz halten, das ich gegeben habe, werden ihre Seele retten, wie verschieden sie auch die Wahrheit sehen mögen, die ich ihnen gegeben habe.

Viele werden zu mir sprechen: ‚Herr, Herr, wir waren eifrig in deiner Wahrheit.' — Ich aber werde zu ihnen sprechen: ‚Nein, nur damit andere sie sehen, wie ‚ihr' sie sehet, und ‚keine andere Wahrheit sonst'.

Der Glaube ohne Barmherzigkeit ist tot. Liebe ist die Erfüllung des Gesetzes.

Wie soll der Glaube, den sie empfangen haben, Nutzen bringen denen, die ihn in Ungerechtigkeit ausüben?

Die, welche Liebe haben, haben alle Dinge, und ohne Liebe gibt es nichts, das Wert hätte. —

Lasset alle halten, was sie als die Wahrheit erkennen, in der Liebe, wissend, daß dort, wo keine Liebe ist, die Wahrheit ein toter Buchstabe ist ohne Wert.

Es bleiben Güte, Wahrheit und Schönheit; doch die größte von diesen ist die Güte. Wenn etliche ihre Brüder gehaßt und ihre Herzen verhärtet haben gegen die Geschöpfe von Gottes Hand, wie können diese, deren Augen blind und deren Herzen verhärtet sind, für Gottes Schöpfung die Wahrheit sehen zu ihrem Heile?

So wie ich die Wahrheit empfangen habe, so habe ich sie euch gegeben.

Lasset sie von jedem empfangen werden nach seinem Licht und seiner Fähigkeit, sie zu verstehen, und verfolget nicht, die sie nach einer anderen Auslegung empfangen.

Denn die Wahrheit ist die Macht Gottes, und sie wird am Ende herrschen über alle Irrtümer. Doch das heilige Gesetz, das ich gegeben habe, ist gleich für alle und gerecht und gut.

Lasset es alle befolgen zur Erlösung ihrer Seelen!" — —

Ist nicht dies das Schönste, was jemals über „Wahrheit“ gesprochen und geschrieben wurde? Leuchtet nicht durch alles ein überirdisches Licht von anderen Welten? — Von den Welten, aus denen Er selbst gekommen war? —

*

Die ganze irdische Menschheit ist jetzt in zwei verschiedene Lager geteilt: Für Ihn oder gegen Ihn! Und seine Gegner sind trotz ihrer Gegnerschaft von seiner Persönlichkeit ebenso fasziniert wie seine Anhänger. Und doch sind wir noch weit davon entfernt, Ihn so zu verstehen und so zu schätzen, wie es sein Leben und seine Persönlichkeit erfordert. Aber wir kommen Ihm doch näher und näher. Und eines Tages wird Er auch das Eigentum der ganzen Menschheit sein, wie Er es vorausgesagt hat.

Vergessen wir nicht, daß Er in unserer Welt die lebendigste und größte seelische Kraft ist!

Wir sehen Ihn in unseren Kirchen und überall an dem Kreuze hängen. Mag es so sein, um uns immer an die größte Liebe, die uns jemals gegeben wurde, zu erinnern.

Aber in Wirklichkeit ist Er das Lebendigste, das es überhaupt in unserem Leben gibt! Er ist ja immer anwesend und steht uns immer nahe! Niemand kann uns so verstehen und so helfen wie Er! Und mit niemand können wir leichter in Verbindung kommen als mit Ihm und seiner großen Liebe — der größten Liebe, die sich auf Erden offenbart hat!

Und damit hat Er uns gleichzeitig den innersten Kern des Universums offenbart: *Gott als nur Liebe,* und unseren Lebensweg als eine Pilgerfahrt mit einer göttlichen Vollkommenheit als Endziel.

In dieser Weise wurde vor etwa zweitausend Jahren die Wand, die uns von dem kommenden Leben in nächsten und in anderen Seins-Ebenen trennt, durchbrochen.

„In meines Vaters Hause sind viele Wohnungen!“